100 PROBLEMI
-MECCANICA-

INDICE PROBLEMI

1. **Cadenza di un pendolo semplice**: Calcola il periodo di oscillazione di un pendolo semplice di 2 metri di lunghezza. Assumi g = 9.8 m/s^2.
   Soluzione pagina 17

2. **Accelerazione di un corpo in caduta libera**: Se un oggetto viene rilasciato da un'altezza di 100 metri, quale sarà la sua velocità appena prima di colpire il terreno?
   Soluzione pagina 18

3. **Forza di attrito**: Una scatola di 5 kg è posta su una superficie con un coefficiente di attrito di 0.3. Quanta forza è necessaria per iniziare a muovere la scatola?
   Soluzione pagina 19

4. **Problema di proiettile**: Un proiettile viene sparato con un angolo di 30 gradi rispetto all'orizzontale con una velocità iniziale di 200 m/s. Quanto lontano andrà a colpire il proiettile?
   Soluzione pagina 20

5. **Energia potenziale elastica**: Una molla con una costante elastica di 500 N/m viene compressa di 10 cm. Quanta energia potenziale elastica viene immagazzinata nella molla?
   Soluzione pagina 21

6. **Lavoro ed energia**: Un uomo spinge un blocco di 10 kg per 5 metri lungo una superficie orizzontale senza attrito con una forza costante di 20 N. Quanto lavoro ha fatto l'uomo?
   Soluzione pagina 22

7. **Dinamica del moto circolare**: Un oggetto di 500 g è attaccato a una corda di 1 m e viene fatto ruotare in un cerchio orizzontale. Se l'oggetto compie un giro in 2 secondi, quale è la tensione nella corda?
   Soluzione pagina 23

8. **Principio di Archimede**: Un oggetto di 2000 kg/m³ di densità viene immerso in acqua (densità 1000 kg/m³). Qual è la forza di galleggiamento sull'oggetto?
   Soluzione pagina 25

9. **Conservazione del momento angolare**: Un pattinatore su ghiaccio inizialmente ruota con le braccia aperte. Se le braccia sono tirate dentro, cosa succede alla velocità di rotazione?
   Soluzione pagina 26

10. **Leggi di Kepler**: Usando la terza legge di Kepler, calcola il periodo di un pianeta che orbita a una distanza media di 5 unità astronomiche dal suo sole.
    Soluzione pagina 27

11. **Forza Centripeta**: Un oggetto di 1 kg gira in un cerchio di raggio 5 metri a una velocità di 10 m/s. Calcola la forza centripeta su di esso.
    Soluzione pagina 28

12. **Legge di Hooke**: Una molla con una costante di molla di 400 N/m viene stirata di 0,5 m. Quanta forza è necessaria?
    Soluzione pagina 29

13. **Principio di Pascal**: Un fluido incompressibile viene sottoposto a una pressione di 3000 Pascal in un pistone di area 2 m². Quanta forza viene esercitata sul pistone?
    Soluzione pagina 30

14. **Forza di Attrito**: Una scatola di 20 kg viene spinta su una rampa inclinata di 30° con un coefficiente di attrito di 0,2. Quanta forza è necessaria per spingere la scatola verso l'alto sulla rampa senza che scivoli giù?
    Soluzione pagina 31

15. **Velocità di Fuga**: Calcola la velocità di fuga da un pianeta con un raggio di 7000 km e una massa di 6x10^24 kg.
    Soluzione pagina 32

16. **Energia Cinetica**: Quanta energia cinetica ha un oggetto di 2 kg che si muove a 3 m/s?
    Soluzione pagina 33

17. **Moto Armonico Semplice**: Un pendolo semplice di lunghezza 1 m oscilla con un periodo di 2 secondi. Qual è l'accelerazione massima dell'oscillazione?
    Soluzione pagina 34

18. **Equazione di Bernoulli**: Un fluido incompressibile fluisce attraverso un tubo che ha un'area di sezione trasversale di 0,01 m^2 a una velocità di 5 m/s. Se l'area di sezione trasversale del tubo si riduce a 0,005 m^2, qual è la nuova velocità del fluido?
    Soluzione pagina 35

19. **Legge di Coulomb**: Due cariche di +1 C e +3 C sono separate da una distanza di 1 m. Qual è la forza tra di loro?
    Soluzione pagina 36

20. **Seconda legge di Newton**: Un oggetto di 10 kg è sottoposto a una forza netta di 30 N. Qual è la sua accelerazione?
    Soluzione pagina 37

21. **Dinamica Rotazionale:** Un disco uniforme di 1 kg e raggio di 0.5 m ruota con una velocità angolare di 10 rad/s. Qual è il suo momento di inerzia e la sua energia cinetica rotazionale?
    Soluzione pagina 38

22. **Lavoro ed Energia:** Una forza di 20 N è applicata per spostare un oggetto di 2 kg per una distanza di 3 m. Quanto lavoro viene fatto sulla scatola?
    Soluzione pagina 40

23. **Moto Parabolico:** Un pallone viene calciato con una velocità di 20 m/s ad un angolo di 45° rispetto al terreno. Quanto tempo impiega il pallone per raggiungere il punto più alto della sua traiettoria?
    Soluzione pagina 41

24. **Principio di Conservazione del Momento Angolare:** Un ghiacciaio di massa 50 kg ruota su sé stesso con una velocità angolare di 2 rad/s con le braccia tese. Se raccoglie le braccia riducendo il suo momento di inerzia del 20%, quale sarà la sua nuova velocità angolare?
Soluzione pagina 43

25. **Principio di Archimede:** Un cubo di lato 10 cm e densità 800 kg/m³ viene immerso completamente in acqua. Calcola la spinta di Archimede.
Soluzione pagina 45

26. **Energia Potenziale Gravitazionale:** Un oggetto di massa 5 kg viene sollevato da terra ad un'altezza di 10 m. Qual è la sua energia potenziale gravitazionale?
Soluzione pagina 46

27. **Prima legge del moto di Newton**: Un oggetto si muove a una velocità costante di 10 m/s. Qual è la forza netta su di esso?
Soluzione pagina 47

28. **Leggi del moto di Newton**: Una scatola di 15 kg è tirata su una rampa inclinata di 30° con una forza di 200 N parallela alla rampa. Se il coefficiente di attrito tra la scatola e la rampa è 0.3, qual è l'accelerazione della scatola?
Soluzione pagina 48

29. **Moto circolare**: Un'automobile di 1000 kg sta percorrendo un tornante di raggio 50 m a una velocità di 20 m/s. Quale deve essere il minimo coefficiente di attrito tra le gomme dell'automobile e la strada per evitare che l'automobile sbandi?
Soluzione pagina 50

30. **Equilibrio**: Un oggetto di 5 kg è appeso a un filo. Calcola la tensione nel filo.
Soluzione pagina 52

31. **Attrito Dinamico**: Un blocco di 5 kg viene spinto su una rampa con un angolo di inclinazione di 30°. Il coefficiente di attrito dinamico tra il blocco e la rampa è 0.4. Se il blocco parte dal riposo, qual è la sua velocità dopo aver percorso 2 m lungo la rampa?
Soluzione pagina 53

32. **Legge di Gravitazione Universale**: Calcola la forza gravitazionale tra la Terra (m = 5.97×10^{24} kg) e la Luna (m = 7.36×10^{22} kg) sapendo che la distanza media tra i due corpi celesti è di 3.84×10^{8} m.
Soluzione pagina 56

33. **Moto Armonico Semplice**: Una particella di massa 0.5 kg esegue un moto armonico semplice con un periodo di 3 s e un'ampiezza di 0.1 m. Trova il massimo valore dell'accelerazione della particella.
Soluzione pagina 57

34. **Dinamica Rotazionale**: Un cilindro solido di massa 3 kg e raggio 0.1 m ruota attorno al suo asse con una velocità angolare di 10 rad/s. Trova il momento angolare del cilindro.
Soluzione pagina 58

35. **Forze Centrifuga e Coriolis**: Un oggetto di massa 1 kg viene lanciato verso est da un punto sull'equatore con una velocità di 1000 m/s. Quale sarà la deviazione verso nord dell'oggetto dovuta alla forza di Coriolis?
Soluzione pagina 59

36. **Principio di Conservazione dell'Energia**: Un pendolo semplice di massa 1 kg e lunghezza 1 m viene rilasciato da un angolo di 60° rispetto alla verticale. Qual è la velocità del pendolo alla posizione più bassa?
Soluzione pagina 60

37. **Onde Stazionarie**: Una corda lunga 2 m è fissata ad entrambe le estremità. Se la corda è messa in oscillazione in modo che si formi una onda stazionaria con 3 nodi, quale è la frequenza dell'onda?
Soluzione pagina 63

38. **Legge di Coulomb**: Due sfere cariche ciascuna di 1 C si trovano a una distanza di 1 m l'una dall'altra. Se le cariche vengono rilasciate, quale sarà la loro velocità quando saranno a una distanza di 10 m l'una dall'altra?
Soluzione pagina 64

39. **Equazione di Bernoulli**: Un fluido ideale con densità di 1000 kg/m³ fluisce attraverso un tubo di diametro 1 m con una velocità di 2 m/s. Se il diametro del tubo si riduce a 0.5 m, quale è la differenza di pressione tra i due punti?
Soluzione pagina 67

40. **Principio di Pascal**: Se in un fluido incompressibile viene applicata una pressione di 1 Pascal su un'area di 1 m², quale forza viene esercitata su un'area di 2 m²?
Soluzione pagina 69

41. **Attrito Statico e Dinamico**: Un blocco di 10 kg è posto su un piano inclinato di 30 gradi. Il coefficiente di attrito statico tra il blocco e il piano è 0.6 e il coefficiente di attrito dinamico è 0.4. Quale deve essere la minima forza applicata per far muovere il blocco e mantenere il movimento una volta che è iniziato?
Soluzione pagina 71

42. **Principio di Archimede e Legge di Pascal**: Un cubo di alluminio di 10 cm di lato è sospeso in acqua con un filo leggero. Calcola la tensione nel filo. (Densità dell'alluminio = 2700 kg/m³)
Soluzione pagina 73

43. **Velocità Terminali**: Un paracadutista di massa 70 kg cade da un aereo ad alta quota. Se la resistenza dell'aria può essere modellata come $F = kv^2$, dove k = 0.65 kg/m, trova la velocità terminale del paracadutista.
Soluzione pagina 75

44. **Onde Stazionarie su una Corda**: Una corda lunga 3 m, fissata alle due estremità, vibra con 5 nodi. Qual è la lunghezza d'onda delle onde sulla corda?
Soluzione pagina 77

45. **Conservazione dell'Energia**: Una palla di 1 kg è lanciata direttamente in aria con una velocità di 20 m/s. Quanto in alto arriverà la palla (ignora la resistenza dell'aria)?
Soluzione pagina 78

46. **Moto Circolare**: Un oggetto di 0.5 kg è attaccato a un filo lungo 2 m e ruota in un cerchio verticale con una velocità costante di 8 m/s. Qual è la tensione nel filo quando l'oggetto è in cima al suo percorso?
Soluzione pagina 80

47. **Equilibrio Rotazionale**: Un trave omogenea di lunghezza 4 m e massa 10 kg è sostenuta orizzontalmente da un fulcro situato a 1 m da un'estremità. Un oggetto di 2 kg viene posto all'altra estremità. Dove dovrebbe essere collocato un oggetto di 5 kg per mantenere l'equilibrio?
Soluzione pagina 82

48. **Momento Angolare**: Un sasso di 0.1 kg viene legato a un filo di 1 m e viene fatto girare in un cerchio con una velocità di 2 m/s. Qual è il momento angolare del sasso rispetto al centro del cerchio?
Soluzione pagina 84

49. **Moto Parabolico**: Una palla viene lanciata con una velocità iniziale di 20 m/s ad un angolo di 60 gradi rispetto all'orizzontale. Quanto tempo impiega la palla per colpire il terreno?
Soluzione pagina 86

50. **Forze Centrifuga e Coriolis**: Un proiettile viene sparato verso nord con una velocità di 1000 m/s. Quale sarà la deviazione verso est del proiettile a causa della rotazione della Terra?
Soluzione pagina 88

51. **Moto Parabolico**: Un proiettile viene sparato con una velocità di 800 m/s a 30° rispetto all'orizzontale. Calcola la portata massima e l'altezza massima raggiunta.
Soluzione pagina 90

52. **Lavoro ed Energia**: Un blocco di 4 kg viene spinto su una pendenza del 30° con una forza di 50 N. Se il blocco si muove di 5 metri lungo la pendenza, calcola il lavoro svolto dalla forza.
Soluzione pagina 92

53. **Forza Centripeta**: Un'automobile di 1500 kg si muove a 20 m/s in una curva di raggio 50 m. Qual è la forza centripeta necessaria per mantenere l'automobile sulla traiettoria curva?
Soluzione pagina 93

54. **Forza di Attrito**: Una cassa di 50 kg viene spinta su una rampa con un angolo di inclinazione di 30°. Se il coefficiente di attrito dinamico è 0.3, qual è la forza minima necessaria per spingere la cassa lungo la rampa?
Soluzione pagina 94

55. **Conservazione dell'Energia**: Un pendolo semplice di 2 m di lunghezza viene rilasciato da un angolo di 60°. Qual è la velocità del pendolo alla sua posizione più bassa?
Soluzione pagina 96

56. **Moto Armonico Semplice**: Un oggetto esegue un moto armonico semplice con un'ampiezza di 0.1 m e un periodo di 2 s. Qual è la velocità massima dell'oggetto durante il movimento?
Soluzione pagina 98

57. **Moto Circolare**: Un oggetto di 2 kg ruota su un percorso circolare di raggio 5 m a una velocità di 10 m/s. Calcola il momento angolare dell'oggetto.
Soluzione pagina 99

58. **Onde Stazionarie**: Una corda di lunghezza 1.5 m e massa 0.03 kg è fissata alle due estremità. Se la corda è messa in oscillazione in modo che si formi una onda stazionaria con tre ventri, qual è la tensione nella corda?
Soluzione pagina 101

59. **Equazione di Bernoulli**: Un fluido incompressibile fluisce in un tubo orizzontale che ha una sezione di 0.01 m² a una velocità di 5 m/s. Se l'area della sezione del tubo si restringe a 0.005 m², qual è la differenza di pressione tra le due sezioni?
Soluzione pagina 103

60. **Legge di Coulomb**: Due sfere metalliche, una con carica di +2 C e l'altra con carica di -3 C, sono separate da una distanza di 2 m. Qual è la forza tra le due sfere?
Soluzione pagina 105

61. **Attrito Statico e Dinamico**: Un blocco di 10 kg è posto su un piano inclinato di 30°. Il coefficiente di attrito statico è 0.4 e quello dinamico è 0.3. Qual è l'angolo di inclinazione massimo in modo che il blocco non inizi a scivolare?
Soluzione pagina 106

62. **Energia Potenziale Elastica**: Una molla con costante elastica di 200 N/m è compressa di 0.1 m. Quanta energia potenziale elastica è immagazzinata nella molla?
Soluzione pagina 108

63. **Dinamica Rotazionale**: Una ruota di massa 10 kg e raggio 0.3 m ruota attorno al suo asse con una velocità angolare di 20 rad/s. Qual è il suo momento di inerzia e la sua energia cinetica rotazionale?
Soluzione pagina 109

64. **Lancio di un Satellite**: Un satellite viene lanciato in un'orbita circolare attorno alla Terra. Se l'altitudine del satellite è di 2000 km sopra la superficie terrestre, qual è la velocità minima necessaria per il satellite?
Soluzione pagina 111

65. **Forza Centrifuga e Coriolis**: Un aereo vola verso est a una velocità di 800 km/h. Qual è la deviazione verso sud dell'aereo dovuta alla forza di Coriolis?
Soluzione pagina 113

66. **Principio di Archimede**: Un blocco di rame di densità 8.96 g/cm³ e volume di 100 cm³ viene immerso in acqua. Quanto galleggerà sopra la superficie dell'acqua?
Soluzione pagina 115

67. **Velocità Terminale**: Un paracadutista di massa 70 kg cade da un aereo ad alta quota. Se la resistenza dell'aria può essere modellata come F = kv, dove k = 0.65 kg/m, trova la velocità terminale del paracadutista.
Soluzione pagina 117

68. **Equilibrio Statico**: Un trave di 10 m e di 50 kg è sostenuta orizzontalmente da due sostegni, uno all'estremità sinistra e l'altro a 3 m dall'estremità destra. Dove dovrebbe essere collocato un oggetto di 20 kg per mantenere l'equilibrio della trave?
Soluzione pagina 119

69. **Energia Potenziale Gravitazionale**: Un satellite di 200 kg si trova a 1000 km sopra la superficie terrestre. Quanta energia potenziale gravitazionale ha guadagnato il satellite rispetto alla superficie della Terra?
Soluzione pagina 121

70. **Moto Parabolico**: Un proiettile viene lanciato con una velocità iniziale di 500 m/s ad un angolo di 30° rispetto all'orizzontale. Trova la distanza orizzontale massima che il proiettile percorre.
Soluzione pagina 122

71. **Legge di Hooke**: Una molla con costante elastica di 20 N/m viene allungata di 5 cm. Quanta forza è necessaria per mantenere la molla in questa posizione?
Soluzione pagina 123

72. **Impulso e Quantità di Moto**: Un giocatore di baseball colpisce una palla con una mazza. Se la mazza esercita una forza media di 5000 N sulla palla per 0.005 secondi, quale è il cambiamento della velocità della palla?
Soluzione pagina 124

73. **Oscillatore Armonico Semplice**: Un corpo di massa 1 kg è attaccato a una molla di costante k = 100 N/m e posto a oscillare in assenza di attrito. Se l'ampiezza iniziale è di 0.1 m, quale sarà la velocità massima del corpo?
Soluzione pagina 126

74. **Principio di Bernoulli**: Un tubo orizzontale ha un diametro di 0.05 m a una estremità e 0.02 m all'altra. Se l'acqua fluisce nel tubo ad una velocità di 2 m/s nella sezione più larga, quale sarà la velocità nella sezione più stretta?
Soluzione pagina 127

75. **Forza di Coriolis**: Un proiettile viene sparato verso l'alto con una velocità di 1000 m/s. A causa della rotazione terrestre, quale sarà la deviazione del proiettile a est quando raggiungerà il punto più alto della traiettoria?
Soluzione pagina 129

76. **Risonanza**: Una molla di costante k = 200 N/m è collegata a una massa di 2 kg e posta in oscillazione. Se viene applicata una forza periodica con frequenza di 5 Hz, a quale frequenza si verificherà la risonanza?
Soluzione pagina 130

77. **Conservazione dell'energia meccanica**: Una massa di 5 kg viene rilasciata da una altezza di 10 m sopra il terreno. Se l'attrito può essere trascurato, quale sarà la velocità della massa appena prima di colpire il terreno?
Soluzione pagina 131

78. **Pressione in un fluido**: Qual è la pressione a una profondità di 200 m in un oceano? Assumi che la densità dell'acqua di mare sia di 1025 kg/m^3 e che l'accelerazione dovuta alla gravità sia di 9.8 m/s^2.
Soluzione pagina 133

79. **Lavoro ed energia**: Un motore fornisce un lavoro di 5000 J per sollevare un carico di 200 kg. Di quanto viene sollevato il carico?
Soluzione pagina 134

80. **Velocità di fuga**: Qual è la velocità di fuga dalla superficie della Terra? Assumi che il raggio della Terra sia di 6.37 x 10^6 m e che la sua massa sia di 5.97 x 10^24 kg.
Soluzione pagina 135

81. **Leve Meccaniche:** Stai cercando di rimuovere una ruota da un'automobile con una chiave da 0.5 m di lunghezza. Se la forza richiesta per allentare i bulloni è di 300 N, quanto peso devi applicare all'estremità della chiave per farlo?
Soluzione pagina 136

82. **Ponte Sospeso:** Un ponte sospeso ha una lunghezza di 500 m e una massa di 1000 tonnellate. Se il ponte è sostenuto da due cavi di acciaio con un'area trasversale di 0.01 m², quale sarà la tensione in ciascuno dei cavi?
Soluzione pagina 137

83. **Scivolamento su una Collina:** Un bambino di 30 kg scivola lungo una collina inclinata di 30°. Se il coefficiente di attrito cinetico tra il cappotto del bambino e l'erba è 0.1, quale sarà la sua velocità dopo aver percorso 20 metri lungo la collina?
Soluzione pagina 138

84. **Conservazione della Quantità di Moto:** Un pattinatore di figura di 50 kg sta ruotando con le braccia tese a una velocità di 3 giri al secondo. Se tira le braccia vicino al corpo riducendo il suo momento di inerzia del 50%, a quale nuova velocità ruoterà?
Soluzione pagina 140

85. **Il Balzo del Gatto:** Un gatto di 5 kg salta da un'altezza di 3 m. Assumendo che l'energia cinetica sia completamente convertita in energia elastica, quanto si comprimeranno le sue zampe se la loro costante elastica equivalente è di 5000 N/m?
Soluzione pagina 142

86. **Effetto Doppler:** Un'ambulanza si sta avvicinando a te a 30 m/s emettendo un suono a 700 Hz. Qual è la frequenza del suono che senti? Assumi la velocità del suono nell'aria come 343 m/s.
Soluzione pagina 144

87. **Aerodinamica:** Un'automobile di massa 1500 kg viaggia a 90 km/h. Se il coefficiente di resistenza dell'aria è 0.3, quale potenza deve fornire il motore dell'automobile per mantenere questa velocità?
Soluzione pagina 145

88. **Attrito in Bicicletta:** Stai pedalando in bicicletta su una strada piana a una velocità costante di 20 km/h. Se la resistenza dell'aria e l'attrito delle ruote assommano a una forza di 30 N, quale potenza stai esercitando sui pedali?
Soluzione pagina 147

89. **Elevatore:** Un ascensore di 1000 kg sta salendo a una velocità costante di 2 m/s. Quanta potenza sta consumando il motore dell'ascensore?
Soluzione pagina 148

90. **Luna Park:** Una giostra ruota a una velocità angolare di 0.5 rad/s. Se la tua massa è di 70 kg e sei seduto a 5 m dal centro, quale forza eserciti sul sedile?
Soluzione pagina 149

91. **Tensione in un Cavo:** Un grattacielo alto 300 m è sostenuto da cavi di acciaio ancorati al terreno a una distanza di 100 m dalla base. Qual è la tensione nei cavi?
Soluzione pagina 150

92. **Rallentamento di un'Automobile:** Un'automobile di massa 1500 kg viaggia a 100 km/h. Se il coefficiente di attrito cinetico tra le gomme e la strada è 0.8, quale distanza percorrerà l'automobile prima di fermarsi completamente?
Soluzione pagina 152

93. **Ponte di Corda:** Un ponte di corda lungo 10 m e di massa 50 kg viene usato per attraversare un burrone. Se una persona di 70 kg cammina lungo il ponte, quale sarà la tensione massima nella corda?
Soluzione pagina 154

94. **Ciclista in Salita:** Un ciclista di 70 kg sta pedalando in salita lungo una pendenza del 5%. Se la velocità del ciclista è costante a 10 km/h, quale potenza sta esercitando il ciclista?
Soluzione pagina 155

95. **Frenata di Emergenza:** Un'automobile di 2000 kg che viaggia a 90 km/h deve effettuare una frenata di emergenza. Se l'attrito statico massimo tra le gomme e la strada è 0.8, quale sarà la distanza minima di frenata?
Soluzione pagina 156

96. **Lancio del Giavellotto:** Un giavellotto viene lanciato con una velocità iniziale di 30 m/s a un angolo di 45°. Qual è la distanza massima di lancio?
Soluzione pagina 158

97. **Camion in Discesa:** Un camion di massa 10.000 kg scende lungo una pendenza del 10% a una velocità costante di 50 km/h. Quanta potenza deve fornire il sistema di frenatura del camion per mantenere questa velocità?
Soluzione pagina 159

98. **Vento Laterale:** Un aereo vola a una velocità di 800 km/h. Se c'è un vento laterale di 100 km/h, quale sarà la velocità e la direzione risultanti dell'aereo?
Soluzione pagina 160

99. **Cilindro che Ruota:** Un cilindro di massa 10 kg e raggio 0.1 m viene rilasciato da una collina alta 5 m. Quale sarà la sua velocità alla base della collina?
Soluzione pagina 162

100. **Lunghezza dell'Arco:** Un pendolo di lunghezza 2 m oscilla con un angolo massimo di 10°. Quanto spazio percorre la punta del pendolo durante un'oscillazione?

Soluzione pagina 163

SOLUZIONE PROBLEMA 1

Cadenza di un pendolo semplice: Calcola il periodo di oscillazione di un pendolo semplice di 2 metri di lunghezza. Assumi g = 9.8 m/s².

Il periodo di oscillazione T di un pendolo semplice è dato dalla formula:

T = 2π√(l/g)

dove:

- T è il periodo di oscillazione,
- l è la lunghezza del pendolo, e
- g è l'accelerazione dovuta alla gravità.

Sostituendo i valori dati nel problema, otteniamo:

T = 2π√(2 m / 9.8 m/s²)

T = 2π√(0.204 s²)

T ≈ 2 * 3.1416 * 0.452

T ≈ 2.84 secondi

Quindi, il periodo di oscillazione del pendolo semplice di 2 metri di lunghezza è circa 2.84 secondi.

SOLUZIONE PROBLEMA 2

Accelerazione di un corpo in caduta libera: Se un oggetto viene rilasciato da un'altezza di 100 metri, quale sarà la sua velocità appena prima di colpire il terreno?

La velocità finale di un oggetto in caduta libera può essere calcolata usando la formula derivata dalle leggi del moto uniformemente accelerato, ossia:

$v = \sqrt{(2gh)}$

dove:

- v è la velocità finale,
- g è l'accelerazione dovuta alla gravità (approssimativamente 9.8 m/s^2), e
- h è l'altezza da cui l'oggetto è caduto.

Sostituendo i valori dati nel problema, otteniamo:

$v = \sqrt{(2 * 9.8 \text{ m/s}^2 * 100 \text{ m})}$

$v = \sqrt{(1960 \text{ m}^2/\text{s}^2)}$

$v \approx 44.3 \text{ m/s}$

Quindi, la velocità dell'oggetto appena prima di colpire il terreno sarà di circa 44.3 m/s.

SOLUZIONE PROBLEMA 3

Forza di attrito: Una scatola di 5 kg è posta su una superficie con un coefficiente di attrito di 0.3. Quanta forza è necessaria per iniziare a muovere la scatola?

La forza di attrito statico che impedisce a un oggetto di muoversi può essere calcolata usando la formula:

$F = \mu N$

dove:

- F è la forza di attrito,
- μ è il coefficiente di attrito, e
- N è la forza normale (che in questo caso, dato che non ci sono forze verticali agendo sulla scatola oltre al suo peso, è pari al peso dell'oggetto).

Il peso dell'oggetto può essere calcolato moltiplicando la sua massa per l'accelerazione dovuta alla gravità (g = 9.8 m/s²). Quindi, in questo caso, N = mg = 5 kg * 9.8 m/s² = 49 N.

Sostituendo questi valori nella formula dell'attrito, otteniamo:

F = 0.3 * 49 N

F = 14.7 N

Quindi, sarà necessaria una forza di almeno 14.7 Newton per iniziare a muovere la scatola.

SOLUZIONE PROBLEMA 4

Problema di proiettile: Un proiettile viene sparato con un angolo di 30 gradi rispetto all'orizzontale con una velocità iniziale di 200 m/s. Quanto lontano andrà a colpire il proiettile?

Il range (distanza orizzontale) di un progetto lanciato con un angolo θ alla velocità iniziale v può essere calcolato usando la formula:

R = (v²/g) * sin(2θ)

dove:

- R è il range,
- v è la velocità iniziale,
- g è l'accelerazione dovuta alla gravità (approssimativamente 9.8 m/s²), e
- θ è l'angolo di lancio.

Nota che θ deve essere in radianti per questa formula. Possiamo convertire 30 gradi in radianti moltiplicando per π/180, ottenendo θ = π/6 rad.

Sostituendo questi valori nella formula, otteniamo:

R = ((200 m/s)²/9.8 m/s²) * sin(2 * π/6)

R = 40,816 m * sin(π/3)

R = 40,816 m * (√3/2)

R ≈ 35,355 m

Quindi, il proiettile andrà a colpire a una distanza di circa 35,355 metri.

SOLUZIONE PROBLEMA 5

Energia potenziale elastica: Una molla con una costante elastica di 500 N/m viene compressa di 10 cm. Quanta energia potenziale elastica viene immagazzinata nella molla?

L'energia potenziale elastica immagazzinata in una molla compressa o allungata può essere calcolata usando la formula:

$U = 0.5kx^2$

dove:

- U è l'energia potenziale elastica,
- k è la costante elastica della molla, e
- x è la distanza di cui la molla è stata compressa o allungata.

In questo caso, dobbiamo fare attenzione alle unità. La costante elastica k è data in Newton per metro (N/m), e la distanza x è data in centimetri. Per essere consistenti con le unità, dobbiamo convertire x in metri, quindi x = 10 cm = 0.1 m.

Sostituendo questi valori nella formula, otteniamo:

$U = 0.5 * 500 \text{ N/m} * (0.1 \text{ m})^2$

$U = 0.5 * 500 \text{ N/m} * 0.01 \text{ m}^2$

$U = 2.5 \text{ J}$

Quindi, l'energia potenziale elastica immagazzinata nella molla è di 2.5 Joule.

SOLUZIONE PROBLEMA 6

Lavoro ed energia: Un uomo spinge un blocco di 10 kg per 5 metri lungo una superficie orizzontale senza attrito con una forza costante di 20 N. Quanto lavoro ha fatto l'uomo?

Il lavoro W svolto da una forza costante può essere calcolato usando la formula:

W = Fd

dove:

- W è il lavoro,
- F è la forza, e
- d è la distanza su cui la forza è stata applicata.

Sostituendo i valori dati nel problema, otteniamo:

W = 20 N * 5 m

W = 100 J

Quindi, l'uomo ha svolto 100 Joule di lavoro spingendo il blocco.

SOLUZIONE PROBLEMA 7

Dinamica del moto circolare: Un oggetto di 500 g è attaccato a una corda di 1 m e viene fatto ruotare in un cerchio orizzontale. Se l'oggetto compie un giro in 2 secondi, quale è la tensione nella corda?

Per risolvere questo problema, dobbiamo prima capire che la tensione nella corda è l'equilibrio tra la forza centripeta, che mantiene l'oggetto in movimento circolare, e la forza di gravità, che agisce verso il basso.

La forza centripeta è data dalla formula:

$F\_c = m * v^2 / r$

dove:

- m è la massa dell'oggetto,
- v è la velocità dell'oggetto, e
- r è il raggio del cerchio, che in questo caso è la lunghezza della corda.

Poiché l'oggetto compie un giro completo in 2 secondi, la sua velocità è la lunghezza del percorso divisa per il tempo. La lunghezza del percorso, la circonferenza di un cerchio, è $2 * \pi * r$. Quindi, la velocità è:

$v = 2 * \pi * r / t = 2 * \pi * 1 m / 2 s = \pi$ m/s

Sostituendo questi valori nella formula della forza centripeta, otteniamo:

$F\_c = 0.5$ kg $* (\pi$ m/s$)^2 / 1$ m $= 0.5$ kg $* \pi^2$ m^2/s^2

La forza di gravità agisce verso il basso ed è data dalla formula:

$F\_g = m * g$

dove g è l'accelerazione dovuta alla gravità (approssimativamente 9.8 m/s^2). Sostituendo i valori dati, otteniamo:

$F\_g = 0.5$ kg $* 9.8$ m/s$^2 = 4.9$ N

Poiché l'oggetto sta ruotando orizzontalmente, le due forze sono bilanciate, quindi la tensione nella corda è la somma di queste due forze:

$T = F\_c + F\_g$

Calcolando numericamente F_c e sostituendo i valori, otteniamo:

$T = 0.5 * \pi^2 + 4.9 \approx 9.34$ N

Quindi, la tensione nella corda è di circa 9.34 N.

SOLUZIONE PROBLEMA 8

Principio di Archimede: Un oggetto di 2000 kg/m³ di densità viene immerso in acqua (densità 1000 kg/m³). Qual è la forza di galleggiamento sull'oggetto?

La forza di galleggiamento su un oggetto immerso in un fluido è data dal principio di Archimede, che afferma che l'oggetto subisce una forza verso l'alto pari al peso del fluido spostato. In termini matematici, questa forza può essere espressa come:

$F_b = \rho_f * V * g$

dove:

- F_b è la forza di galleggiamento,
- ρ_f è la densità del fluido,
- V è il volume dell'oggetto, e
- g è l'accelerazione dovuta alla gravità.

Tuttavia, il problema non ci fornisce il volume dell'oggetto. Possiamo però notare che l'oggetto galleggerà e si immergerà fino a quando non sposterà un volume d'acqua il cui peso sia uguale al suo proprio peso. Quindi, possiamo dire che la forza di galleggiamento sarà semplicemente uguale al peso dell'oggetto. Il peso dell'oggetto può essere calcolato come:

$W = \rho_o * V * g$

dove ρ_o è la densità dell'oggetto. Ma dato che $\rho_o * V$ è semplicemente la massa m dell'oggetto, possiamo riscrivere l'equazione del peso come:

$W = m * g$

Questo ci dice che la forza di galleggiamento sarà semplicemente uguale al peso dell'oggetto. Quindi, per calcolare la forza di galleggiamento, dobbiamo conoscere la massa dell'oggetto, che non è data nel problema.

SOLUZIONE PROBLEMA 9

Conservazione del momento angolare: Un pattinatore su ghiaccio inizialmente ruota con le braccia aperte. Se le braccia sono tirate dentro, cosa succede alla velocità di rotazione?

La conservazione del momento angolare è un principio fondamentale in fisica. Secondo questo principio, il momento angolare di un sistema isolato rimane costante se non agiscono su di esso forze o coppie esterne.

Nel caso del pattinatore su ghiaccio, il momento angolare può essere espresso come il prodotto tra il momento d'inerzia I e la velocità angolare ω (o la velocità di rotazione). Quando il pattinatore tira dentro le braccia, il momento d'inerzia diminuisce. Dal momento che il momento angolare deve rimanere costante (perché non ci sono forze o coppie esterne che agiscono sul pattinatore), la velocità angolare deve aumentare per compensare la diminuzione del momento d'inerzia.

Quindi, quando un pattinatore su ghiaccio tira dentro le braccia, la sua velocità di rotazione aumenta. Questo è un principio comunemente utilizzato nei pattinaggio artistico per eseguire rotazioni rapide.

SOLUZIONE PROBLEMA 10

Leggi di Kepler: Usando la terza legge di Kepler, calcola il periodo di un pianeta che orbita a una distanza media di 5 unità astronomiche dal suo sole.

La terza legge di Kepler, conosciuta anche come legge dei periodi, afferma che il quadrato del periodo orbitale di un pianeta è direttamente proporzionale al cubo della sua distanza media dal sole. In termini matematici, questa legge può essere espressa come:

$T^2 = k * r^3$

dove:

- T è il periodo orbitale del pianeta,
- k è una costante di proporzionalità, e
- r è la distanza media del pianeta dal sole.

Per il sistema solare, la costante di proporzionalità k è tale che il periodo è misurato in anni terrestri e la distanza è misurata in unità astronomiche (AU), l'unità di distanza media dalla Terra al Sole. Pertanto, la terza legge di Kepler può essere scritta come:

$T^2 = r^3$

Nel tuo caso, la distanza media del pianeta dal sole è di 5 AU. Sostituendo questo valore nell'equazione, otteniamo:

$T^2 = 5^3 = 125$

Prendendo la radice quadrata di entrambi i lati dell'equazione, otteniamo:

$T = \sqrt{125} \approx 11.18$ anni terrestri

Quindi, il periodo di un pianeta che orbita a una distanza media di 5 AU dal suo sole è di circa 11.18 anni terrestri.

SOLUZIONE PROBLEMA 11

Forza Centripeta: Un oggetto di 1 kg gira in un cerchio di raggio 5 metri a una velocità di 10 m/s. Calcola la forza centripeta su di esso.

La forza centripeta F è la forza che mantiene un oggetto in movimento circolare. È diretta verso il centro del cerchio e la sua magnitudine è data dalla formula:

$F = m * v^2 / r$

dove:

- m è la massa dell'oggetto,
- v è la velocità dell'oggetto, e
- r è il raggio del cerchio.

Sostituendo i valori dati nel problema, otteniamo:

$F = 1 \text{ kg} * (10 \text{ m/s})^2 / 5 \text{ m}$

$F = 100 \text{ kg} * m^2/s^2 / 5 \text{ m}$

$F = 20 \text{ N}$

Quindi, la forza centripeta sull'oggetto è di 20 Newton.

SOLUZIONE PROBLEMA 12

Legge di Hooke: Una molla con una costante di molla di 400 N/m viene stirata di 0,5 m. Quanta forza è necessaria?

La legge di Hooke afferma che la forza F necessaria per allungare o comprimere una molla di una certa distanza x è proporzionale a quella distanza. Matematicamente, questa relazione è espressa come:

F = k * x

dove:

- F è la forza,
- k è la costante di molla, e
- x è la distanza.

Nel tuo caso, la costante di molla k è di 400 N/m e la molla è stirata di x = 0,5 m. Sostituendo questi valori nell'equazione, otteniamo:

F = 400 N/m * 0,5 m

F = 200 N

Quindi, sono necessari 200 Newton di forza per stirare la molla di 0,5 metri.

SOLUZIONE PROBLEMA 13

Principio di Pascal: Un fluido incompressibile viene sottoposto a una pressione di 3000 Pascal in un pistone di area 2 m². Quanta forza viene esercitata sul pistone?

Il principio di Pascal afferma che qualsiasi variazione di pressione applicata a un fluido incompressibile si propaga in tutto il fluido, esercitando una forza su tutte le aree in contatto con il fluido. In termini matematici, la pressione P è definita come la forza F divisa per l'area A su cui la forza è distribuita, ovvero:

P = F / A

Risolvendo per F, otteniamo:

F = P * A

Nel tuo caso, la pressione P è di 3000 Pascal e l'area A del pistone è di 2 m². Sostituendo questi valori nell'equazione, otteniamo:

F = 3000 Pa * 2 m²

F = 6000 N

Quindi, viene esercitata una forza di 6000 Newton sul pistone.

SOLUZIONE PROBLEMA 14

Forza di Attrito: Una scatola di 20 kg viene spinta su una rampa inclinata di 30° con un coefficiente di attrito di 0,2. Quanta forza è necessaria per spingere la scatola verso l'alto sulla rampa senza che scivoli giù?

Per risolvere questo problema, è necessario considerare due componenti principali della forza: la componente del peso lungo la rampa e la forza di attrito.

1. La componente del peso lungo la rampa è data da mg sin θ, dove m è la massa dell'oggetto, g è l'accelerazione dovuta alla gravità (assumiamo 9.8 m/s²), e θ è l'angolo di inclinazione della rampa. Quindi, la componente del peso lungo la rampa è:
   F_gravità = m * g * sin θ = 20 kg * 9.8 m/s² * sin(30°) = 98 N.

2. La forza di attrito è data da μN, dove μ è il coefficiente di attrito e N è la forza normale. Sulla rampa inclinata, la forza normale è data da mg cos θ. Quindi, la forza di attrito è:
   F_attrito = μ * m * g * cos θ = 0.2 * 20 kg * 9.8 m/s² * cos(30°) = 34 N.

La forza totale necessaria per spingere la scatola verso l'alto sulla rampa senza che scivoli giù è la somma di queste due forze, quindi:

F_totale = F_gravità + F_attrito = 98 N + 34 N = 132 N.

Quindi, è necessaria una forza di 132 Newton per spingere la scatola verso l'alto sulla rampa senza che scivoli giù.

SOLUZIONE PROBLEMA 15

Velocità di Fuga: Calcola la velocità di fuga da un pianeta con un raggio di 7000 km e una massa di 6x10^24 kg.

La velocità di fuga è la velocità minima necessaria per un oggetto per sfuggire alla gravità di un pianeta o di un altro corpo celeste. Si può calcolare utilizzando la formula:

$V_f = \sqrt{(2GM)/r}$

dove:

- V_f è la velocità di fuga,
- G è la costante gravitazionale (6.674×10^{-11} m³ kg⁻¹ s⁻²),
- M è la massa del pianeta, e
- r è il raggio del pianeta.

Nel tuo caso, la massa M del pianeta è di 6×10^{24} kg e il raggio r è di 7000 km, che convertito in metri diventa 7000×10^3 m. Sostituendo questi valori nell'equazione, otteniamo:

$V_f = \sqrt{(2 \cdot 6.674 \cdot 10^{-11} \text{ m}^3 \text{ kg}^{-1} \text{ s}^{-2} \cdot 6 \cdot 10^{24} \text{ kg})/(7000 \cdot 10^3 \text{ m})}$

Risolvendo, otteniamo una velocità di fuga di circa 11180 m/s, o 11.18 km/s.

Quindi, la velocità di fuga da questo pianeta è di circa 11.18 km/s.

SOLUZIONE PROBLEMA 16

Energia Cinetica: Quanta energia cinetica ha un oggetto di 2 kg che si muove a 3 m/s?

L'energia cinetica (K) di un oggetto può essere calcolata utilizzando la formula:

$K = 1/2 * m * v^2$

dove:

- m è la massa dell'oggetto, e
- v è la velocità dell'oggetto.

Nel tuo caso, la massa m dell'oggetto è di 2 kg e la sua velocità v è di 3 m/s. Sostituendo questi valori nell'equazione, otteniamo:

$K = 1/2 * 2 \text{ kg} * (3 \text{ m/s})^2$

$K = 1 * 9 \text{ kg}*m^2/s^2$

$K = 9$ Joule

Quindi, un oggetto di 2 kg che si muove a 3 m/s ha un'energia cinetica di 9 Joule.

SOLUZIONE PROBLEMA 17

Moto Armonico Semplice: Un pendolo semplice di lunghezza 1 m oscilla con un periodo di 2 secondi. Qual è l'accelerazione massima dell'oscillazione?

Nel moto armonico semplice, l'accelerazione a di un oggetto in oscillazione è proporzionale alla sua distanza x dal punto di equilibrio e direttamente opposta. Matematicamente, questa relazione è espressa come:

$a = -\omega^2 x$

dove:

- a è l'accelerazione,
- ω è la velocità angolare, e
- x è la distanza dal punto di equilibrio.

La velocità angolare ω è data dalla formula:

$\omega = 2\pi/T$

dove T è il periodo di oscillazione.

Nel tuo caso, il periodo di oscillazione T è di 2 secondi, quindi la velocità angolare ω è:

$\omega = 2\pi/2$ s $= \pi$ rad/s

La distanza massima x dal punto di equilibrio in un pendolo semplice è uguale alla lunghezza del pendolo, che in questo caso è di 1 m.

Quindi, l'accelerazione massima a dell'oscillazione è:

$a = -\omega^2 x = -(\pi$ rad/s$)^2 * 1$ m $= -\pi^2$ m/s^2

Quindi, l'accelerazione massima dell'oscillazione è π^2 m/s^2 (circa 9.87 m/s^2), diretta verso il punto di equilibrio. Nota che l'accelerazione è negativa perché è sempre diretta verso il punto di equilibrio.

SOLUZIONE PROBLEMA 18

Equazione di Bernoulli: Un fluido incompressibile fluisce attraverso un tubo che ha un'area di sezione trasversale di 0,01 m² a una velocità di 5 m/s. Se l'area di sezione trasversale del tubo si riduce a 0,005 m², qual è la nuova velocità del fluido?

L'equazione di continuità, che è un corollario del principio di conservazione della massa per i fluidi incompressibili, afferma che il prodotto dell'area della sezione trasversale (A) e la velocità del fluido (v) è costante. Matematicamente, questa relazione è espressa come:

$A_1 * v_1 = A_2 * v_2$

dove:

- A_1 e v_1 sono l'area della sezione trasversale e la velocità in un punto del tubo, e
- A_2 e v_2 sono l'area della sezione trasversale e la velocità in un altro punto del tubo.

Nel tuo caso, l'area della sezione trasversale A_1 è di 0,01 m², la velocità v_1 è di 5 m/s, e l'area della sezione trasversale A_2 è di 0,005 m². Sostituendo questi valori nell'equazione e risolvendo per v_2, otteniamo:

$v_2 = (A_1 * v_1) / A_2 = (0,01 m² * 5 m/s) / 0,005 m² = 10 m/s$

Quindi, la nuova velocità del fluido quando l'area di sezione trasversale del tubo si riduce a 0,005 m² è di 10 m/s.

SOLUZIONE PROBLEMA 19

Legge di Coulomb: Due cariche di +1 C e +3 C sono separate da una distanza di 1 m. Qual è la forza tra di loro?

La legge di Coulomb descrive la forza tra due cariche puntiformi. Essa è data dalla formula:

$$F = k * |q_1 * q_2| / r^2$$

dove:

- F è la forza elettrostatica tra le cariche,
- k è la costante di Coulomb (8.99×10^9 N m²/C²),
- q_1 e q_2 sono le cariche,
- r è la distanza tra le cariche.

Nel tuo caso, q_1 è +1 C, q_2 è +3 C, e r è 1 m. Sostituendo questi valori nell'equazione, otteniamo:

$$F = 8.99 \times 10^9 \text{ N m}^2/\text{C}^2 * |(+1 \text{ C}) * (+3 \text{ C})| / (1 \text{ m})^2$$

$$F = 8.99 \times 10^9 \text{ N} * 3 \text{ C}^2$$

$$F = 26.97 \times 10^9 \text{ N}$$

Quindi, la forza tra le due cariche è di 26.97×10^9 Newton. Poiché entrambe le cariche sono positive, la forza è repulsiva, il che significa che le cariche si respingono l'una con l'altra.

SOLUZIONE PROBLEMA 20

Seconda legge di Newton: Un oggetto di 10 kg è sottoposto a una forza netta di 30 N. Qual è la sua accelerazione?

La seconda legge del moto di Newton afferma che l'accelerazione di un oggetto è direttamente proporzionale alla forza netta applicata e inversamente proporzionale alla sua massa. Matematicamente, si può esprimere come:

$F\_net = m * a$

Dove:

F_net è la forza netta,

m è la massa dell'oggetto, e

a è l'accelerazione dell'oggetto.

Nel tuo caso, hai un oggetto di massa m = 10 kg e una forza netta F_net = 30 N. Per calcolare l'accelerazione, possiamo riorganizzare l'equazione:

$a = F\_net / m$

Sostituendo i valori noti:

a = 30 N / 10 kg

Effettuando la divisione:

$a = 3 \, m/s^2$

Quindi, l'accelerazione dell'oggetto è di 3 metri al secondo quadrato.

SOLUZIONE PROBLEMA 21

Dinamica Rotazionale: Un disco uniforme di 1 kg e raggio di 0.5 m ruota con una velocità angolare di 10 rad/s. Qual è il suo momento di inerzia e la sua energia cinetica rotazionale?

Per calcolare il momento di inerzia (I) di un disco uniforme, puoi utilizzare la seguente formula:

$I = (1/2) * m * r^2$

Dove:

m è la massa del disco,

r è il raggio del disco.

Nel tuo caso, la massa del disco è m = 1 kg e il raggio è r = 0,5 m. Sostituendo i valori noti:

$I = (1/2) * 1 \text{ kg} * (0,5 \text{ m})^2$

Effettuando i calcoli:

$I = (1/2) * 1 \text{ kg} * 0,25 \text{ m}^2$

$I = 0,125 \text{ kg} * \text{m}^2$

Quindi, il momento di inerzia del disco è di 0,125 kg * m².

Per calcolare l'energia cinetica rotazionale (K) del disco, puoi utilizzare la seguente formula:

$K = (1/2) * I * \omega^2$

Dove:

I è il momento di inerzia,

ω (omega) è la velocità angolare del disco.

Nel tuo caso, il momento di inerzia è I = 0,125 kg * m² e la velocità angolare è ω = 10 rad/s. Sostituendo i valori noti:

K = (1/2) * 0,125 kg * m² * (10 rad/s)^2

Effettuando i calcoli:

K = (1/2) * 0,125 kg * m² * 100 rad²/s²

K = 0,0625 kg * m² * 100 rad²/s²

K = 6,25 kg * m² * rad²/s²

Quindi, l'energia cinetica rotazionale del disco è di 6,25 kg * m² * rad²/s².

SOLUZIONE PROBLEMA 22

Lavoro ed Energia: Una forza di 20 N è applicata per spostare un oggetto di 2 kg per una distanza di 3 m. Quanto lavoro viene fatto sulla scatola?

Il lavoro (W) svolto su un oggetto può essere calcolato moltiplicando la forza (F) applicata all'oggetto per la distanza (d) percorsa lungo la direzione della forza. Matematicamente, si esprime come:

W = F * d * cos(θ)

Dove:

F è la forza applicata,

d è la distanza percorsa, e

θ è l'angolo tra la direzione della forza e la direzione del movimento.

Nel tuo caso, la forza applicata è F = 20 N, la distanza percorsa è d = 3 m e l'angolo tra la forza e il movimento è 0° (poiché la forza è diretta lungo la direzione del movimento). Sostituendo i valori noti:

W = 20 N * 3 m * cos(0°)

Poiché l'angolo è 0°, il cos(0°) è 1:

W = 20 N * 3 m * 1

Effettuando i calcoli:

W = 60 N * m

Quindi, il lavoro svolto sulla scatola è di 60 joule (J).

SOLUZIONE PROBLEMA 23

Moto Parabolico: Un pallone viene calciato con una velocità di 20 m/s ad un angolo di 45° rispetto al terreno. Quanto tempo impiega il pallone per raggiungere il punto più alto della sua traiettoria?

Per calcolare il tempo impiegato dal pallone per raggiungere il punto più alto della sua traiettoria nel moto parabolico, possiamo utilizzare la formula del tempo di volo. Nel moto parabolico, il tempo di volo è il tempo impiegato dal pallone per raggiungere l'altezza massima e poi tornare al livello del terreno.

La formula del tempo di volo (t) nel moto parabolico è data da:

$t = (2 * v_0 * \sin(\theta)) / g$

Dove:

v_0 è la velocità iniziale del pallone,

θ è l'angolo di lancio rispetto al terreno, e

g è l'accelerazione di gravità.

Nel tuo caso, la velocità iniziale del pallone è v_0 = 20 m/s e l'angolo di lancio rispetto al terreno è θ = 45°.

L'accelerazione di gravità tipicamente è di circa 9,8 m/s², assumendo che ci troviamo sulla superficie terrestre.

Sostituendo i valori noti nella formula del tempo di volo:

$t = (2 * 20$ m/s $* \sin(45°)) / 9,8$ m/s²

Utilizzando il valore di $\sin(45°) = \sqrt{2} / 2$:

$t = (2 * 20$ m/s $* (\sqrt{2} / 2)) / 9,8$ m/s²

Semplificando:

t = (20 m/s * $\sqrt{2}$) / 9,8 m/s²

t ≈ 2,04 s

Quindi, il pallone impiega circa 2,04 secondi per raggiungere il punto più alto della sua traiettoria nel moto parabolico.

SOLUZIONE PROBLEMA 24

Principio di Conservazione del Momento Angolare: Un ghiacciaio di massa 50 kg ruota su sé stesso con una velocità angolare di 2 rad/s con le braccia tese. Se raccoglie le braccia riducendo il suo momento di inerzia del 20%, quale sarà la sua nuova velocità angolare?

Il principio di conservazione del momento angolare afferma che il momento angolare di un sistema rimane costante se non agiscono forze esterne su di esso. In questo caso, il ghiacciaio ruota su sé stesso, quindi il suo momento angolare iniziale è uguale al suo momento angolare finale.

Il momento angolare di un oggetto in rotazione è dato dalla formula:

$L = I * \omega$

Dove:

L è il momento angolare,

I è il momento di inerzia,

ω (omega) è la velocità angolare.

Nel tuo caso, il ghiacciaio ha una massa m = 50 kg e una velocità angolare iniziale ω_0 = 2 rad/s.

Il momento di inerzia iniziale (I_0) del ghiacciaio può essere calcolato utilizzando la formula per un oggetto che ruota su sé stesso:

$I_0 = m * r^2$

Dove:

m è la massa del ghiacciaio, e

r è il raggio del ghiacciaio.

Poiché il ghiacciaio ruota su sé stesso, il raggio rimane costante.

La nuova velocità angolare ω_1 del ghiacciaio dopo aver ridotto il momento di inerzia del 20% può essere calcolata utilizzando il principio di conservazione del momento angolare:

$L_0 = L_1$

$I_0 * \omega_0 = I_1 * \omega_1$

Poiché stiamo considerando una riduzione del 20% nel momento di inerzia, il momento di inerzia finale I_1 sarà dato da:

$I_1 = I_0 - 0.2 * I_0$

Sostituendo nella formula del momento angolare:

$I_0 * \omega_0 = (I_0 - 0.2 * I_0) * \omega_1$

Semplificando:

$\omega_1 = \omega_0 * (I_0 / (I_0 - 0.2 * I_0))$

$\omega_1 = \omega_0 * (I_0 / 0.8 * I_0)$

$\omega_1 = \omega_0 * 1.25$

Sostituendo i valori noti:

$\omega_1 = 2 \text{ rad/s} * 1.25$

$\omega_1 = 2.5 \text{ rad/s}$

Quindi, la nuova velocità angolare del ghiacciaio dopo aver ridotto il momento di inerzia del 20% sarà di 2.5 rad/s.

SOLUZIONE PROBLEMA 25

Principio di Archimede: Un cubo di lato 10 cm e densità 800 kg/m³ viene immerso completamente in acqua. Calcola la spinta di Archimede.

Il principio di Archimede afferma che un oggetto immerso in un fluido riceve una forza verso l'alto, detta spinta di Archimede, uguale al peso del fluido spostato dall'oggetto.

Per calcolare la spinta di Archimede, possiamo utilizzare la seguente formula:

F_Archimede = ρ_fluido * V_immerso * g

Dove:

ρ_fluido è la densità del fluido,

V_immerso è il volume dell'oggetto immerso nel fluido, e

g è l'accelerazione di gravità.

Nel tuo caso, l'oggetto immerso è un cubo di lato 10 cm, quindi il suo volume sarà:

V_immerso = (lato)^3 = (0,1 m)^3 = 0,001 m³

La densità del fluido nel quale è immerso è l'acqua, con una densità di ρ_fluido = 1000 kg/m³ (approssimativamente).

L'accelerazione di gravità g è di circa 9,8 m/s².

Sostituendo i valori noti nella formula della spinta di Archimede:

F_Archimede = 1000 kg/m³ * 0,001 m³ * 9,8 m/s²

Effettuando i calcoli:

F_Archimede = 1 kg * 0,0098 m³/s²

F_Archimede = 0,0098 N

Quindi, la spinta di Archimede sull'oggetto immerso sarà di circa 0,0098 N.

SOLUZIONE PROBLEMA 26

Energia Potenziale Gravitazionale: Un oggetto di massa 5 kg viene sollevato da terra ad un'altezza di 10 m. Qual è la sua energia potenziale gravitazionale?

L'energia potenziale gravitazionale di un oggetto è determinata dalla sua massa (m), l'accelerazione di gravità (g) e l'altezza (h) a cui si trova rispetto a un punto di riferimento. La formula per calcolare l'energia potenziale gravitazionale (E_p) è la seguente:

E_p = m * g * h

Dove:

m è la massa dell'oggetto,

g è l'accelerazione di gravità (tipicamente circa 9,8 m/s^2 sulla superficie terrestre),

h è l'altezza dell'oggetto.

Nel tuo caso, l'oggetto ha una massa m = 5 kg e viene sollevato a un'altezza h = 10 m rispetto al terreno.

Sostituendo i valori noti nella formula dell'energia potenziale gravitazionale:

E_p = 5 kg * 9,8 m/s^2 * 10 m

Effettuando i calcoli:

E_p = 49 N * m

Quindi, l'energia potenziale gravitazionale dell'oggetto sollevato a un'altezza di 10 m è di 49 joule (J).

SOLUZIONE PROBLEMA 27

Prima legge del moto di Newton: Un oggetto si muove a una velocità costante di 10 m/s. Qual è la forza netta su di esso?

La prima legge del moto di Newton, nota anche come il principio di inerzia, afferma che un oggetto in assenza di forze esterne si muoverà con velocità costante.

Se un oggetto si muove a una velocità costante di 10 m/s, significa che non vi è alcuna accelerazione. In altre parole, la somma delle forze agenti sull'oggetto, nota come forza netta (F_net), è uguale a zero.

Quindi, la forza netta su questo oggetto è di 0 N.

SOLUZIONE PROBLEMA 28

Leggi del moto di Newton: Una scatola di 15 kg è tirata su una rampa inclinata di 30° con una forza di 200 N parallela alla rampa. Se il coefficiente di attrito tra la scatola e la rampa è 0.3, qual è l'accelerazione della scatola?

Per calcolare l'accelerazione della scatola sulla rampa inclinata, dobbiamo considerare le forze che agiscono sull'oggetto.

La forza peso (F_peso) agisce verticalmente verso il basso ed è data dal prodotto della massa (m) dell'oggetto per l'accelerazione di gravità (g). La formula è:

F_peso = m * g

Dove g è l'accelerazione di gravità, che solitamente viene approssimata a 9,8 m/s².

Nel tuo caso, la massa della scatola è m = 15 kg, quindi:

F_peso = 15 kg * 9,8 m/s²

F_peso ≈ 147 N

La forza di attrito (F_attrito) è data dal coefficiente di attrito (μ) tra la scatola e la rampa, moltiplicato per la componente della forza peso che è parallela alla rampa. La formula è:

F_attrito = μ * F_perpendicolare

Dove F_perpendicolare è la componente della forza peso perpendicolare alla rampa e può essere calcolata come:

F_perpendicolare = F_peso * sin(θ)

Dove θ è l'angolo di inclinazione della rampa, che è 30° nel tuo caso.

Sostituendo i valori noti:

F_perpendicolare = 147 N * sin(30°)

F_perpendicolare ≈ 73.5 N

La forza netta (F_net) è data dalla differenza tra la forza applicata (F_applicata) e la forza di attrito:

F_net = F_applicata - F_attrito

Nel tuo caso, la forza applicata è F_applicata = 200 N.

Sostituendo i valori noti:

F_net = 200 N - 73.5 N

F_net ≈ 126.5 N

Infine, possiamo calcolare l'accelerazione (a) utilizzando la seconda legge del moto di Newton:

F_net = m * a

Sostituendo i valori noti:

126.5 N = 15 kg * a

Quindi:

a ≈ 8.43 m/s^2

L'accelerazione della scatola sulla rampa inclinata è di circa 8.43 m/s^2.

SOLUZIONE PROBLEMA 29

Moto circolare: Un'automobile di 1000 kg sta percorrendo un tornante di raggio 50 m a una velocità di 20 m/s. Quale deve essere il minimo coefficiente di attrito tra le gomme dell'automobile e la strada per evitare che l'automobile sbandi?

Per evitare che l'automobile sbandi mentre percorre il tornante, la forza di attrito statico tra le gomme dell'automobile e la strada deve essere sufficiente a fornire la centripeta necessaria per mantenere l'automobile in curva. La forza di attrito statico massima tra le gomme e la strada è data dalla seguente formula:

$F\_attrito\_max = \mu * F\_normale$

Dove:

μ è il coefficiente di attrito,

$F\_normale$ è la forza normale, che è uguale al peso dell'automobile (F_peso) nel caso di una superficie orizzontale.

La forza centripeta necessaria per mantenere l'automobile in curva può essere calcolata utilizzando la seguente formula:

$F\_centripeta = (m * v^2) / r$

Dove:

m è la massa dell'automobile,

v è la velocità dell'automobile, e

r è il raggio del tornante.

Nel tuo caso, la massa dell'automobile è m = 1000 kg, la velocità dell'automobile è v = 20 m/s e il raggio del tornante è r = 50 m.

Calcoliamo la forza centripeta:

$F\_centripeta = (1000 \text{ kg} * (20 \text{ m/s})^2) / 50 \text{ m}$

$F\_centripeta = 8000 \text{ N}$

Per evitare che l'automobile sbandi, la forza di attrito massima deve essere uguale o superiore alla forza centripeta:

$F\_attrito\_max \geq F\_centripeta$

$\mu * F\_normale \geq F\_centripeta$

$\mu * F\_peso \geq F\_centripeta$

Sostituendo il valore di F_peso:

$\mu * (m * g) \geq F\_centripeta$

$\mu * (1000 \text{ kg} * 9.8 \text{ m/s}^2) \geq 8000 \text{ N}$

$\mu * 9800 \text{ N} \geq 8000 \text{ N}$

$\mu \geq 8000 \text{ N} / 9800 \text{ N}$

$\mu \geq 0.816$

Pertanto, il minimo coefficiente di attrito tra le gomme dell'automobile e la strada per evitare che l'automobile sbandi è di almeno 0.816.

SOLUZIONE PROBLEMA 30

Equilibrio: Un oggetto di 5 kg è appeso a un filo. Calcola la tensione nel filo.

Quando un oggetto è appeso a un filo, la tensione nel filo è uguale al peso dell'oggetto. Quindi, per calcolare la tensione nel filo, dobbiamo determinare il peso dell'oggetto.

Il peso di un oggetto è dato dalla formula:

Peso = massa * accelerazione di gravità

Dove:

massa è la massa dell'oggetto,

accelerazione di gravità è l'accelerazione di gravità sulla superficie terrestre, che solitamente viene approssimata a 9,8 m/s^2.

Nel tuo caso, la massa dell'oggetto è 5 kg.

Quindi, il peso dell'oggetto è:

Peso = 5 kg * 9,8 m/s^2

Peso = 49 N

Pertanto, la tensione nel filo è di 49 N.

SOLUZIONE PROBLEMA 31

Attrito Dinamico: Un blocco di 5 kg viene spinto su una rampa con un angolo di inclinazione di 30°. Il coefficiente di attrito dinamico tra il blocco e la rampa è 0.4. Se il blocco parte dal riposo, qual è la sua velocità dopo aver percorso 2 m lungo la rampa?

Per calcolare la velocità del blocco dopo aver percorso 2 m lungo la rampa, dobbiamo considerare le forze che agiscono sul blocco.

La forza peso (F_peso) agisce verticalmente verso il basso ed è data dal prodotto della massa (m) del blocco per l'accelerazione di gravità (g). La formula è:

F_peso = m * g

Dove g è l'accelerazione di gravità, che solitamente viene approssimata a 9,8 m/s^2.

Nel tuo caso, la massa del blocco è m = 5 kg, quindi:

F_peso = 5 kg * 9,8 m/s^2

F_peso = 49 N

La forza di attrito dinamico (F_attrito) è data dal coefficiente di attrito dinamico (μ) tra il blocco e la rampa, moltiplicato per la forza normale (F_normale). La formula è:

F_attrito = μ * F_normale

La forza normale (F_normale) è la componente della forza peso perpendicolare alla rampa e può essere calcolata come:

F_normale = F_peso * cos(θ)

Dove θ è l'angolo di inclinazione della rampa, che è 30° nel tuo caso.

Sostituendo i valori noti:

F_normale = 49 N * cos(30°)

F_normale ≈ 42.43 N

La forza risultante lungo la direzione della rampa è data dalla differenza tra la componente della forza peso parallela alla rampa e la forza di attrito:

F_risultante = F_peso * sin(θ) - F_attrito

Sostituendo i valori noti:

F_risultante = 49 N * sin(30°) - (0.4 * 42.43 N)

F_risultante ≈ 14.9 N - 16.97 N

F_risultante ≈ -2.07 N

La forza risultante è negativa perché è diretta verso il basso lungo la rampa, in direzione opposta al moto.

Usando la seconda legge del moto di Newton:

F_risultante = m * a

Sostituendo i valori noti:

-2.07 N = 5 kg * a

Quindi:

a ≈ -0.414 m/s²

L'accelerazione del blocco lungo la rampa è di circa -0.414 m/s².

Per calcolare la velocità del blocco dopo aver percorso 2 m lungo la rampa, possiamo utilizzare l'equazione del moto uniformemente accelerato:

$v^2 = v_0^2 + 2 * a * d$

Dove v_0 è la velocità iniziale (0 m/s nel nostro caso), a è l'accelerazione e d è la distanza percorsa.

Sostituendo i valori noti:

v² = 0 + 2 * (-0.414 m/s²) * 2 m

v² = -1.656 m²/s²

Poiché la velocità non può essere negativa, prendiamo il valore assoluto:

v = √(1.656 m²/s²)

v ≈ 1.29 m/s

Quindi, la velocità del blocco dopo aver percorso 2 m lungo la rampa è di circa 1.29 m/s.

SOLUZIONE PROBLEMA 32

Legge di Gravitazione Universale: Calcola la forza gravitazionale tra la Terra (m = 5.97x10^24 kg) e la Luna (m = 7.36x10^22 kg) sapendo che la distanza media tra i due corpi celesti è di 3.84x10^8 m.

Per calcolare la forza gravitazionale tra la Terra e la Luna, possiamo utilizzare la legge di gravitazione universale di Newton. La formula per calcolare la forza gravitazionale (F) è la seguente:

$F = (G * m_1 * m_2) / r^2$

Dove:

G è la costante di gravitazione universale, approssimativamente 6.67430 x 10^-11 N(m/kg)^2,

m1 e m2 sono le masse dei due corpi celesti, e

r è la distanza tra i due corpi celesti.

Nel tuo caso, la massa della Terra è m1 = 5.97 x 10^24 kg, la massa della Luna è m2 = 7.36 x 10^22 kg e la distanza tra loro è r = 3.84 x 10^8 m.

Sostituendo i valori noti nella formula della forza gravitazionale:

$F = (6.67430 \times 10^{-11} N(m/kg)^2 * 5.97 \times 10^{24} kg * 7.36 \times 10^{22} kg) / (3.84 \times 10^8 m)^2$

Effettuando i calcoli:

$F = 3.52 \times 10^{20} N$

Quindi, la forza gravitazionale tra la Terra e la Luna è di circa 3.52 x 10^20 N.

SOLUZIONE PROBLEMA 33

Moto Armonico Semplice: Una particella di massa 0.5 kg esegue un moto armonico semplice con un periodo di 3 s e un'ampiezza di 0.1 m. Trova il massimo valore dell'accelerazione della particella.

Per trovare il massimo valore dell'accelerazione (a_max) di una particella che esegue un moto armonico semplice, possiamo utilizzare la seguente relazione:

a_max = ω^2 * A

Dove:

ω (omega) è la pulsazione del moto armonico semplice, definita come ω = 2π / T, dove T è il periodo del moto,

A è l'ampiezza del moto.

Nel tuo caso, il periodo del moto è T = 3 s e l'ampiezza è A = 0.1 m.

Calcoliamo la pulsazione ω:

ω = 2π / T

= 2π / 3 s

Quindi,

ω ≈ 2.094 rad/s

Sostituendo i valori noti nella formula dell'accelerazione:

a_max = (2.094 rad/s)^2 * 0.1 m

Effettuando i calcoli:

a_max ≈ 0.439 m/s^2

Quindi, il massimo valore dell'accelerazione della particella nel moto armonico semplice è di circa 0.439 m/s^2.

SOLUZIONE PROBLEMA 34

Dinamica Rotazionale: Un cilindro solido di massa 3 kg e raggio 0.1 m ruota attorno al suo asse con una velocità angolare di 10 rad/s. Trova il momento angolare del cilindro.

Il momento angolare (L) di un oggetto in rotazione è determinato dal suo momento di inerzia (I) e dalla sua velocità angolare (ω). Nel caso di un cilindro solido, il momento di inerzia è dato dalla formula:

I = (1/2) * m * r^2

Dove:

m è la massa del cilindro,

r è il suo raggio.

Nel tuo caso, la massa del cilindro è m = 3 kg e il raggio è r = 0.1 m.

Calcoliamo il momento di inerzia (I):

I = (1/2) * 3 kg * (0.1 m)^2

I = (1/2) * 3 kg * 0.01 m^2

I = 0.015 kg * m^2

Quindi, il momento di inerzia del cilindro è di 0.015 kg * m^2.

Il momento angolare (L) può essere calcolato moltiplicando il momento di inerzia per la velocità angolare:

L = I * ω

Sostituendo i valori noti:

L = 0.015 kg * m^2 * 10 rad/s

Effettuando i calcoli:

L = 0.15 kg * m^2 * rad/s

Quindi, il momento angolare del cilindro è di 0.15 kg * m^2 * rad/s.

SOLUZIONE PROBLEMA 35

Forze Centrifuga e Coriolis: Un oggetto di massa 1 kg viene lanciato verso est da un punto sull'equatore con una velocità di 1000 m/s. Quale sarà la deviazione verso nord dell'oggetto dovuta alla forza di Coriolis?

La forza di Coriolis è una forza apparente che agisce su un oggetto in movimento su una superficie rotante, come la Terra. La sua direzione è perpendicolare alla velocità dell'oggetto e al polo di rotazione.

La deviazione verso nord dell'oggetto dovuta alla forza di Coriolis dipende dalla velocità dell'oggetto, dalla sua massa e dalla velocità di rotazione della Terra.

La formula per calcolare la forza di Coriolis (F_cor) è data da:

$F\_cor = 2 * m * v * \omega$

Dove:

m è la massa dell'oggetto,

v è la sua velocità,

ω è la velocità angolare di rotazione della Terra.

La velocità angolare di rotazione della Terra è tipicamente $7{,}2921159 \times 10^{-5}$ rad/s.

Nel tuo caso, la massa dell'oggetto è m = 1 kg e la velocità è v = 1000 m/s.

Sostituendo i valori noti nella formula della forza di Coriolis:

$F\_cor = 2 * 1 \text{ kg} * 1000 \text{ m/s} * 7{,}2921159 \times 10^{-5}$ rad/s

Effettuando i calcoli:

$F\_cor \approx 0.1458$ N

Quindi, la deviazione verso nord dell'oggetto dovuta alla forza di Coriolis sarà di circa 0.1458 N.

SOLUZIONE PROBLEMA 36

Principio di Conservazione dell'Energia: Un pendolo semplice di massa 1 kg e lunghezza 1 m viene rilasciato da un angolo di 60° rispetto alla verticale. Qual è la velocità del pendolo alla posizione più bassa?

Per calcolare la velocità del pendolo alla posizione più bassa, possiamo utilizzare il principio di conservazione dell'energia meccanica. In un pendolo semplice, l'energia meccanica è conservata poiché non ci sono forze dissipative come l'attrito dell'aria.

L'energia meccanica totale del pendolo è la somma dell'energia potenziale gravitazionale (E_p) e dell'energia cinetica (E_c):

E_totale = E_p + E_c

Alla posizione più bassa, l'energia potenziale gravitazionale è al minimo (zero) e tutta l'energia meccanica si trasforma in energia cinetica.

L'energia potenziale gravitazionale di un pendolo semplice è data dalla formula:

E_p = m * g * h

Dove:

m è la massa del pendolo,

g è l'accelerazione di gravità, approssimativamente 9.8 m/s^2,

h è l'altezza rispetto alla posizione di riferimento.

Nel tuo caso, la massa del pendolo è m = 1 kg e l'altezza alla posizione più bassa è h = 0 (essendo a livello del suolo).

Quindi, l'energia potenziale gravitazionale alla posizione più bassa è:

E_p = 1 kg * 9.8 m/s^2 * 0 = 0 J

Poiché l'energia potenziale gravitazionale è zero alla posizione più bassa, tutta l'energia meccanica si trasforma in energia cinetica:

$E\_c = E\_totale - E\_p = E\_totale$

Per un pendolo semplice, l'energia cinetica è data da:

$E\_c = (1/2) * m * v^2$

Dove v è la velocità del pendolo.

Sostituendo i valori noti:

$E\_c = (1/2) * 1\ kg * v^2$

Visto che $E\_c = E\_totale$:

$(1/2) * 1\ kg * v^2 = E\_totale$

Risolvendo per v:

$v^2 = (2 * E\_totale) / m$

$v = \sqrt{((2 * E\_totale) / m)}$

Poiché non ci sono forze dissipative, l'energia meccanica totale del pendolo è costante lungo tutto il moto. Quindi, l'energia meccanica iniziale (alla posizione iniziale) è uguale all'energia meccanica alla posizione più bassa:

$E\_totale\_iniziale = E\_totale$

L'energia meccanica iniziale del pendolo è data dalla somma dell'energia potenziale gravitazionale iniziale e dell'energia cinetica iniziale:

$E\_totale\_iniziale = E\_p\_iniziale + E\_c\_iniziale$

Alla posizione iniziale, l'energia potenziale gravitazionale è massima e l'energia cinetica è zero:

$E\_p\_iniziale = m * g * h\_iniziale = m * g * l * (1 - \cos(\theta))$

Dove l è la lunghezza del pendolo e θ è l'angolo rispetto alla verticale.

Nel tuo caso, la lunghezza del pendolo è l = 1 m e l'angolo iniziale rispetto alla verticale è θ = 60°.

Sostituendo i valori noti:

$E\_p\_iniziale = 1\ kg * 9.8\ m/s^2 * 1\ m * (1 - \cos(60°))$

E_p_iniziale ≈ 4.9 J

Quindi, l'energia meccanica iniziale del pendolo è di circa 4.9 J.

Poiché l'energia meccanica è conservata:

E_totale = E_totale_iniziale = 4.9 J

Sostituendo nella formula della velocità:

v = √((2 * 4.9 J) / 1 kg)

v = √9.8 m²/s²

v ≈ 3.13 m/s

Quindi, la velocità del pendolo alla posizione più bassa è di circa 3.13 m/s.

SOLUZIONE PROBLEMA 37

Onde Stazionarie: Una corda lunga 2 m è fissata ad entrambe le estremità. Se la corda è messa in oscillazione in modo che si formi una onda stazionaria con 3 nodi, quale è la frequenza dell'onda?

Per una corda con lunghezza L, la frequenza delle onde stazionarie dipende dalla lunghezza d'onda (λ) dell'onda stazionaria e dalla velocità (v) di propagazione dell'onda sulla corda. La relazione tra la frequenza (f), la lunghezza d'onda e la velocità è data da:

$f = v / \lambda$

Nel caso di un'onda stazionaria con 3 nodi, possiamo determinare la lunghezza d'onda λ considerando la distanza tra i nodi adiacenti. Poiché ci sono 3 nodi su una corda lunga 2 m, la distanza tra i nodi adiacenti sarà la metà della lunghezza della corda, ovvero 2 m / 3 = 0.67 m.

Quindi, la lunghezza d'onda dell'onda stazionaria sarà λ = 0.67 m.

Per determinare la frequenza dell'onda, dobbiamo conoscere la velocità di propagazione dell'onda sulla corda. La velocità di propagazione dipende dalle proprietà del mezzo in cui si propaga l'onda. Se non sono fornite ulteriori informazioni sulla velocità di propagazione, non possiamo calcolare direttamente la frequenza.

Tuttavia, possiamo affermare che le frequenze possibili delle onde stazionarie su una corda fissata alle estremità sono date dalla formula:

$f_n = n * v / (2L)$

Dove n è un intero positivo, v è la velocità di propagazione e L è la lunghezza della corda.

Quindi, se la velocità di propagazione è fornita o nota, possiamo calcolare la frequenza specifica dell'onda stazionaria corrispondente ai 3 nodi. Altrimenti, senza ulteriori informazioni sulla velocità di propagazione, non è possibile calcolare la frequenza esatta dell'onda.

SOLUZIONE PROBLEMA 38

Legge di Coulomb: Due sfere cariche ciascuna di 1 C si trovano a una distanza di 1 m l'una dall'altra. Se le cariche vengono rilasciate, quale sarà la loro velocità quando saranno a una distanza di 10 m l'una dall'altra?

Per calcolare la velocità delle due sfere cariche quando sono a una distanza di 10 m l'una dall'altra, possiamo utilizzare la conservazione dell'energia elettrica.

La forza tra due cariche elettriche è regolata dalla legge di Coulomb, che afferma che la forza (F) tra due cariche è proporzionale al prodotto delle cariche (q1 e q2) diviso per il quadrato della distanza (r) tra le cariche. La formula della forza di Coulomb è:

$F = k * (q1 * q2) / r^2$

Dove k è la costante di Coulomb, approssimativamente 8.99 x 10^9 Nm^2/C^2.

Nel tuo caso, le cariche delle sfere sono q1 = q2 = 1 C e la distanza iniziale tra le sfere è r1 = 1 m. La distanza finale è r2 = 10 m.

La forza iniziale tra le sfere è data dalla legge di Coulomb:

$F1 = k * (q1 * q2) / r1^2$

Sostituendo i valori noti:

F1 = (8.99 x 10^9 Nm^2/C^2) * (1 C * 1 C) / (1 m)^2

F1 = 8.99 x 10^9 N

L'energia potenziale elettrica tra le sfere è data dalla formula:

$E\_p = k * (q1 * q2) / r$

Dove r è la distanza tra le sfere.

L'energia potenziale iniziale tra le sfere è:

$E\_p1 = k * (q1 * q2) / r1$

Sostituendo i valori noti:

$E\_p1 = (8.99 \times 10^9 \ Nm^2/C^2) * (1 \ C * 1 \ C) / 1 \ m$

$E\_p1 = 8.99 \times 10^9 \ J$

L'energia potenziale finale tra le sfere è:

$E\_p2 = k * (q1 * q2) / r2$

Sostituendo i valori noti:

$E\_p2 = (8.99 \times 10^9 \ Nm^2/C^2) * (1 \ C * 1 \ C) / 10 \ m$

$E\_p2 = 8.99 \times 10^8 \ J$

Poiché l'energia meccanica totale (somma dell'energia cinetica e dell'energia potenziale) è conservata, possiamo scrivere:

$E\_p1 + E\_c1 = E\_p2 + E\_c2$

Dove E_c1 ed E_c2 sono rispettivamente le energie cinetiche iniziale e finale delle sfere.

All'inizio, le sfere sono ferme, quindi l'energia cinetica iniziale è zero:

$E\_c1 = 0 \ J$

Quindi, l'equazione si riduce a:

$E\_p1 = E\_p2 + E\_c2$

Risolvendo per l'energia cinetica finale:

$E\_c2 = E\_p1 - E\_p2$

$E\_c2 = (8.99 \times 10^9 \ J) - (8.99 \times 10^8 \ J)$

$E\_c2 = 8.09 \times 10^9 \ J$

L'energia cinetica finale è data da:

$E\_c2 = (1/2) * m * v^2$

Dove m è la massa delle sfere e v è la loro velocità finale.

La massa delle sfere non è fornita, ma possiamo calcolare la velocità finale in termini di massa e energia cinetica:

v = $\sqrt{(2 * E\_c2 / m)}$

Poiché entrambe le sfere hanno la stessa carica e quindi la stessa massa, la velocità finale sarà la stessa per entrambe le sfere.

Pertanto, non è necessario conoscere la massa specifica delle sfere per calcolare la loro velocità finale.

SOLUZIONE PROBLEMA 39

Equazione di Bernoulli: Un fluido ideale con densità di 1000 kg/m³ fluisce attraverso un tubo di diametro 1 m con una velocità di 2 m/s. Se il diametro del tubo si riduce a 0.5 m, quale è la differenza di pressione tra i due punti?

L'equazione di Bernoulli descrive il comportamento di un fluido in un flusso stazionario lungo una linea di flusso. Essa stabilisce che la somma delle pressioni statiche, delle pressioni dinamiche e delle pressioni potenziali per un fluido incompressibile è costante lungo una linea di flusso.

L'equazione di Bernoulli è espressa come:

$P + 1/2 * \rho * v^2 + \rho * g * h = \text{costante}$

Dove:

P è la pressione statica del fluido,

ρ è la densità del fluido,

v è la velocità del fluido,

g è l'accelerazione di gravità,

h è l'altezza del punto lungo la linea di flusso.

Nel tuo caso, la densità del fluido è $\rho = 1000$ kg/m³, la velocità iniziale del fluido è $v_1 = 2$ m/s e il diametro iniziale del tubo è $D_1 = 1$ m. Dopo la riduzione, il diametro diventa $D_2 = 0.5$ m.

Per calcolare la differenza di pressione tra i due punti, possiamo applicare l'equazione di Bernoulli ai due punti, assumendo che l'altezza del punto sia la stessa. Poiché il fluido ideale è incompressibile, la densità rimane costante.

Applicando l'equazione di Bernoulli al punto 1 (diametro $D_1 = 1$ m):

$P_1 + 1/2 * \rho * v_1^2 = \text{costante}$

Applicando l'equazione di Bernoulli al punto 2 (diametro $D_2 = 0.5$ m):

$P_2 + 1/2 * \rho * v_2^2 = $ costante

Poiché assumiamo che l'altezza sia la stessa, possiamo eliminare il termine $\rho * g * h$ dalla formula.

Dato che stiamo cercando la differenza di pressione tra i due punti, possiamo sottrarre le due equazioni per ottenere:

$P_2 - P_1 + 1/2 * \rho * (v_2^2 - v_1^2) = 0$

Poiché ρ è costante, possiamo semplificare ulteriormente l'equazione:

$P_2 - P_1 + 1/2 * \rho * (v_2^2 - v_1^2) = 0$

$P_2 - P_1 + 1/2 * \rho * (v_2^2 - v_1^2) = 0$

La differenza di pressione tra i due punti ($P_2 - P_1$) è data da:

$P_2 - P_1 = - 1/2 * \rho * (v_2^2 - v_1^2)$

Sostituendo i valori noti:

$P_2 - P_1 = - 1/2 * 1000 \text{ kg/m}^3 * ((2 \text{ m/s})^2 - (2 \text{ m/s})^2)$

$P_2 - P_1 = 0$

Quindi, la differenza di pressione tra i due punti è zero.

SOLUZIONE PROBLEMA 40

Principio di Pascal: Se in un fluido incompressibile viene applicata una pressione di 1 Pascal su un'area di 1 m², quale forza viene esercitata su un'area di 2 m²?

Il principio di Pascal afferma che quando una pressione viene applicata su un fluido incompressibile, questa pressione si trasmette uniformemente in tutte le direzioni nel fluido. Pertanto, la variazione di pressione si riflette anche nel cambio di forza su aree diverse.

Per calcolare la forza esercitata su un'area più grande quando viene applicata una pressione su un'area più piccola, possiamo utilizzare il principio di Pascal:

$P_1 * A_1 = P_2 * A_2$

Dove:

P_1 è la pressione iniziale,

A_1 è l'area iniziale,

P_2 è la pressione finale,

A_2 è l'area finale.

Nel tuo caso, la pressione iniziale (P_1) è di 1 Pascal e l'area iniziale (A_1) è di 1 m². L'area finale (A_2) è di 2 m².

Applicando il principio di Pascal:

1 Pascal * 1 m² = P_2 * 2 m²

Risolvendo per P_2:

P_2 = (1 Pascal * 1 m²) / (2 m²)

P_2 = 0.5 Pascal

Quindi, la pressione finale (P_2) è di 0.5 Pascal.

Per calcolare la forza esercitata sull'area finale (A_2), possiamo utilizzare la formula:

Forza = Pressione * Area

Quindi, la forza (F) esercitata sull'area finale di 2 m² sarà:

F = 0.5 Pascal * 2 m²

F = 1 Pascal * m²

Quindi, la forza esercitata sull'area di 2 m² è di 1 Pascal * m².

SOLUZIONE PROBLEMA 41

Attrito Statico e Dinamico: Un blocco di 10 kg è posto su un piano inclinato di 30 gradi. Il coefficiente di attrito statico tra il blocco e il piano è 0.6 e il coefficiente di attrito dinamico è 0.4. Quale deve essere la minima forza applicata per far muovere il blocco e mantenere il movimento una volta che è iniziato?

Per determinare la minima forza necessaria per far muovere il blocco e mantenerne il movimento sul piano inclinato, dobbiamo considerare le forze che agiscono sul blocco.

Prima di tutto, calcoliamo la componente della forza peso (F_peso) parallela al piano inclinato. La formula per la forza peso è F_peso = m * g, dove m è la massa del blocco (10 kg) e g è l'accelerazione di gravità (approssimativamente 9.8 m/s^2). La componente parallela al piano inclinato è F_parallela = F_peso * sin(θ), dove θ è l'angolo di inclinazione del piano (30 gradi nel tuo caso).

F_parallela = m * g * sin(θ)

F_parallela = 10 kg * 9.8 m/s^2 * sin(30°)

F_parallela ≈ 49 N

La forza massima di attrito statico (F_attrito_statico) tra il blocco e il piano è data dal coefficiente di attrito statico (μ_statico) moltiplicato per la componente della forza peso parallela al piano inclinato:

F_attrito_statico = μ_statico * F_parallela

Dove il coefficiente di attrito statico è 0.6.

F_attrito_statico = 0.6 * 49 N

F_attrito_statico ≈ 29.4 N

Quindi, la minima forza applicata per far muovere il blocco sul piano inclinato è di almeno 29.4 N.

Una volta che il blocco si muove, dobbiamo considerare la forza di attrito dinamico (F_attrito_dinamico) tra il blocco e il piano. La forza di attrito dinamico è data dal coefficiente di attrito dinamico (μ_dinamico) moltiplicato per la componente della forza peso parallela al piano inclinato:

F_attrito_dinamico = μ_dinamico * F_parallela

Dove il coefficiente di attrito dinamico è 0.4.

F_attrito_dinamico = 0.4 * 49 N

F_attrito_dinamico ≈ 19.6 N

Quindi, per mantenere il movimento del blocco una volta che è iniziato, è necessario applicare una forza di almeno 19.6 N.

SOLUZIONE PROBLEMA 42

Principio di Archimede e Legge di Pascal: Un cubo di alluminio di 10 cm di lato è sospeso in acqua con un filo leggero. Calcola la tensione nel filo. (Densità dell'alluminio = 2700 kg/m³)

Per calcolare la tensione nel filo che sostiene il cubo di alluminio sospeso in acqua, dobbiamo considerare le forze che agiscono sul cubo.

La forza peso del cubo di alluminio è data dalla formula:

F_peso = m * g

Dove m è la massa del cubo e g è l'accelerazione di gravità.

La massa del cubo di alluminio può essere calcolata utilizzando la densità dell'alluminio (ρ_al) e il volume del cubo (V):

m = ρ_al * V

Il volume del cubo di alluminio è dato dalla formula:

V = l^3

Dove l è il lato del cubo.

Nel tuo caso, il lato del cubo è 10 cm, che corrisponde a 0.1 m. La densità dell'alluminio (ρ_al) è 2700 kg/m³ e l'accelerazione di gravità (g) è approssimativamente 9.8 m/s².

Calcoliamo la massa del cubo:

m = 2700 kg/m³ * (0.1 m)^3

m = 2700 kg/m³ * 0.001 m³

m = 2.7 kg

La forza peso del cubo di alluminio è:

F_peso = 2.7 kg * 9.8 m/s²

F_peso ≈ 26.46 N

Secondo il principio di Archimede, quando un corpo è immerso in un fluido, è soggetto a una forza verso l'alto chiamata forza di Archimede. La forza di Archimede è uguale al peso del fluido spostato dal corpo.

La forza di Archimede può essere calcolata utilizzando la formula:

F_Archimede = ρ_fluido * V * g

Dove ρ_fluido è la densità del fluido (acqua nel nostro caso), V è il volume del cubo immerso e g è l'accelerazione di gravità.

Il volume del cubo immerso è uguale al volume del cubo:

V = l^3

V = (0.1 m)^3

V = 0.001 m³

La densità dell'acqua (ρ_acqua) è 1000 kg/m³.

Calcoliamo la forza di Archimede:

F_Archimede = 1000 kg/m³ * 0.001 m³ * 9.8 m/s²

F_Archimede = 9.8 N

Poiché il cubo è in equilibrio, la tensione nel filo è uguale alla somma delle forze verticali che agiscono sul cubo:

Tensione nel filo = F_peso - F_Archimede

Tensione nel filo = 26.46 N - 9.8 N

Tensione nel filo ≈ 16.66 N

Quindi, la tensione nel filo che sostiene il cubo di alluminio sospeso in acqua è di circa 16.66 N.

SOLUZIONE PROBLEMA 43

Velocità Terminali: Un paracadutista di massa 70 kg cade da un aereo ad alta quota. Se la resistenza dell'aria può essere modellata come $F = kv^2$, dove k = 0.65 kg/m, trova la velocità terminale del paracadutista.

La velocità terminale del paracadutista si raggiunge quando la forza di resistenza dell'aria uguaglia la forza peso.

La forza peso (F_peso) del paracadutista è data dalla formula:

F_peso = m * g

Dove m è la massa del paracadutista e g è l'accelerazione di gravità, approssimativamente 9.8 m/s².

Nel tuo caso, la massa del paracadutista è m = 70 kg.

Quindi, la forza peso del paracadutista è:

F_peso = 70 kg * 9.8 m/s²

F_peso = 686 N

La resistenza dell'aria (F_resistenza) è modellata come F_resistenza = k * v², dove k è il coefficiente di resistenza dell'aria (0.65 kg/m) e v è la velocità del paracadutista.

Alla velocità terminale, la forza di resistenza dell'aria uguaglia la forza peso:

F_resistenza = F_peso

k * v² = F_peso

Risolvendo per v²:

v² = F_peso / k

v² = 686 N / 0.65 kg/m

v² ≈ 1053.85 m²/s²

Quindi, la velocità terminale del paracadutista è la radice quadrata di 1053.85 m²/s²:

v = √(1053.85 m²/s²)

v ≈ 32.46 m/s

Quindi, la velocità terminale del paracadutista è di circa 32.46 m/s.

SOLUZIONE PROBLEMA 44

Onde Stazionarie su una Corda: Una corda lunga 3 m, fissata alle due estremità, vibra con 5 nodi. Qual è la lunghezza d'onda delle onde sulla corda?

La lunghezza d'onda delle onde stazionarie sulla corda può essere determinata considerando il numero di nodi sulla corda e la lunghezza totale della corda.

Nelle onde stazionarie, una lunghezza d'onda completa corrisponde a un nodo e un antinodo consecutivi. Quindi, la lunghezza totale della corda (L) può essere divisa in un numero intero di lunghezze d'onda (n - 1) più un quarto di lunghezza d'onda:

$L = (n - 1) * \lambda/4$

Dove:

L è la lunghezza totale della corda,

n è il numero di nodi.

Nel tuo caso, la lunghezza totale della corda (L) è di 3 m e il numero di nodi (n) è di 5.

Quindi, possiamo riscrivere l'equazione come:

$3 \text{ m} = (5 - 1) * \lambda/4$

Risolvendo per λ (lunghezza d'onda):

$3 \text{ m} = 4 * \lambda/4$

$3 \text{ m} = \lambda$

Quindi, la lunghezza d'onda delle onde stazionarie sulla corda è di 3 metri.

SOLUZIONE PROBLEMA 45

Conservazione dell'Energia: Una palla di 1 kg è lanciata direttamente in aria con una velocità di 20 m/s. Quanto in alto arriverà la palla (ignora la resistenza dell'aria)?

Per determinare l'altezza massima raggiunta dalla palla lanciata in aria, possiamo utilizzare il principio di conservazione dell'energia.

Iniziamo considerando l'energia meccanica totale della palla, che è la somma dell'energia cinetica e dell'energia potenziale gravitazionale.

L'energia cinetica (E_c) è data dalla formula:

$E_c = 1/2 * m * v^2$

Dove m è la massa della palla (1 kg) e v è la sua velocità (20 m/s).

$E_c = 1/2 * 1 \text{ kg} * (20 \text{ m/s})^2$

$E_c = 200 \text{ J}$

L'energia potenziale gravitazionale (E_p) è data dalla formula:

$E_p = m * g * h$

Dove g è l'accelerazione di gravità (approssimativamente 9.8 m/s^2) e h è l'altezza massima raggiunta dalla palla.

Poiché l'energia meccanica totale è conservata, possiamo scrivere:

$E_c + E_p$ = costante

All'inizio, la palla è lanciata direttamente in aria, quindi la sua altezza è zero e l'energia potenziale gravitazionale è zero:

$E_c + E_{p\_iniziale} = E_c + 0$

L'energia meccanica totale iniziale è uguale all'energia cinetica:

$E_{c\_iniziale} = 200 \text{ J}$

All'altezza massima, la palla raggiunge il punto di arresto, quindi la sua velocità è zero e l'energia cinetica è zero:

$E\_c\_massima = 0$

L'energia potenziale gravitazionale massima è data da:

$E\_p\_massima = m * g * h\_massima$

Dove h_massima è l'altezza massima raggiunta dalla palla.

Applicando il principio di conservazione dell'energia:

$E\_c\_iniziale + E\_p\_iniziale = E\_c\_massima + E\_p\_massima$

$200\ J + 0 = 0 + m * g * h\_massima$

$200\ J = 1\ kg * 9.8\ m/s^2 * h\_massima$

$h\_massima = 200\ J / (1\ kg * 9.8\ m/s^2)$

$h\_massima \approx 20.41\ m$

Quindi, la palla raggiungerà un'altezza massima di circa 20.41 metri.

SOLUZIONE PROBLEMA 46

Moto Circolare: Un oggetto di 0.5 kg è attaccato a un filo lungo 2 m e ruota in un cerchio verticale con una velocità costante di 8 m/s. Qual è la tensione nel filo quando l'oggetto è in cima al suo percorso?

Per calcolare la tensione nel filo quando l'oggetto è in cima al suo percorso nel moto circolare, dobbiamo considerare le forze che agiscono sull'oggetto.

All'apice del percorso, l'oggetto si muove in una traiettoria circolare con velocità costante, quindi l'accelerazione centripeta è diretta verso il centro del cerchio. L'accelerazione centripeta è data da:

$a\_c = v^2 / r$

Dove v è la velocità dell'oggetto e r è il raggio del cerchio (lunghezza del filo).

Nel tuo caso, la velocità dell'oggetto (v) è 8 m/s e il raggio del cerchio (r) è 2 m.

Calcoliamo l'accelerazione centripeta:

$a\_c = (8 \text{ m/s})^2 / 2 \text{ m}$

$a\_c = 64 \text{ m}^2/\text{s}^2 / 2 \text{ m}$

$a\_c = 32 \text{ m/s}^2$

L'accelerazione centripeta è anche legata alla forza centripeta (F_c) attraverso la relazione:

$F\_c = m * a\_c$

Dove m è la massa dell'oggetto.

Nel tuo caso, la massa dell'oggetto (m) è 0.5 kg.

Calcoliamo la forza centripeta:

F_c = 0.5 kg * 32 m/s²

F_c = 16 N

La tensione nel filo (T) nel punto più alto del percorso è uguale alla somma della forza peso (F_peso) e della forza centripeta (F_c) che agiscono sull'oggetto.

La forza peso dell'oggetto è data da:

F_peso = m * g

Dove g è l'accelerazione di gravità (approssimativamente 9.8 m/s²).

Calcoliamo la forza peso:

F_peso = 0.5 kg * 9.8 m/s²

F_peso = 4.9 N

Quindi, la tensione nel filo sarà:

T = F_peso + F_c

T = 4.9 N + 16 N

T = 20.9 N

Quindi, la tensione nel filo quando l'oggetto è in cima al suo percorso nel moto circolare è di circa 20.9 N.

SOLUZIONE PROBLEMA 47

Equilibrio Rotazionale: Un trave omogenea di lunghezza 4 m e massa 10 kg è sostenuta orizzontalmente da un fulcro situato a 1 m da un'estremità. Un oggetto di 2 kg viene posto all'altra estremità. Dove dovrebbe essere collocato un oggetto di 5 kg per mantenere l'equilibrio?

Per mantenere l'equilibrio del sistema, la somma dei momenti torcenti intorno al fulcro deve essere uguale a zero.

Il momento torcente (τ) di una forza rispetto ad un punto è dato dal prodotto tra la forza (F) e la distanza (d) tra il punto di applicazione della forza e il punto di riferimento (fulcro).

Nel tuo caso, la forza è rappresentata dal peso degli oggetti. La forza peso (F_peso) è uguale alla massa (m) moltiplicata per l'accelerazione di gravità (g).

Per l'oggetto di 2 kg posto all'estremità della trave, il momento torcente generato dalla sua forza peso è:

$\tau\_2kg = F\_peso\_2kg * d\_2kg$

Dove $F\_peso\_2kg = m\_2kg * g$ è la forza peso dell'oggetto di 2 kg e d_2kg è la distanza tra l'estremità della trave e il fulcro (3 m).

$\tau\_2kg = (2 \text{ kg} * 9.8 \text{ m/s}^2) * 3 \text{ m}$

$\tau\_2kg = 58.8 \text{ Nm}$

Per mantenere l'equilibrio, l'oggetto di 5 kg dovrebbe generare un momento torcente uguale ma di segno opposto:

$\tau\_5kg = -\tau\_2kg$

$\tau\_5kg = -58.8 \text{ Nm}$

Per calcolare la posizione dell'oggetto di 5 kg (d_5kg) necessaria per generare il momento torcente desiderato, possiamo utilizzare la formula del momento torcente:

τ_5kg = F_peso_5kg * d_5kg

Dove F_peso_5kg = m_5kg * g è la forza peso dell'oggetto di 5 kg.

Risolvendo per d_5kg:

d_5kg = τ_5kg / F_peso_5kg

d_5kg = -58.8 Nm / (5 kg * 9.8 m/s²)

d_5kg ≈ -1.2 m

La posizione dell'oggetto di 5 kg per mantenere l'equilibrio è di circa 1.2 m dall'estremità opposta del fulcro. Poiché è indicato come un valore negativo, significa che l'oggetto di 5 kg si trova sul lato opposto del fulcro rispetto all'oggetto di 2 kg.

SOLUZIONE PROBLEMA 48

Momento Angolare: Un sasso di 0.1 kg viene legato a un filo di 1 m e viene fatto girare in un cerchio con una velocità di 2 m/s. Qual è il momento angolare del sasso rispetto al centro del cerchio?

Il momento angolare (L) di un oggetto in movimento circolare è definito come il prodotto tra il momento di inerzia (I) e la velocità angolare (ω).

Il momento di inerzia (I) per un oggetto che ruota attorno al suo asse, come un sasso legato a un filo, è dato da:

I = m * r^2

Dove m è la massa dell'oggetto e r è il raggio del cerchio (lunghezza del filo).

Nel tuo caso, la massa del sasso (m) è di 0.1 kg e il raggio del cerchio (r) è di 1 m.

Calcoliamo il momento di inerzia:

I = 0.1 kg * (1 m)^2

I = 0.1 kg * 1 m^2

I = 0.1 kg * 1 m^2

I = 0.1 kg m^2

La velocità angolare (ω) è data dalla relazione tra la velocità lineare (v) e il raggio del cerchio (r):

ω = v / r

Nel tuo caso, la velocità lineare (v) è di 2 m/s e il raggio del cerchio (r) è di 1 m.

Calcoliamo la velocità angolare:

ω = 2 m/s / 1 m

ω = 2 rad/s

Infine, calcoliamo il momento angolare:

L = I * ω

L = (0.1 kg m²) * (2 rad/s)

L = 0.2 kg m²/s

Quindi, il momento angolare del sasso rispetto al centro del cerchio è di 0.2 kg m²/s.

SOLUZIONE PROBLEMA 49

Moto Parabolico: Una palla viene lanciata con una velocità iniziale di 20 m/s ad un angolo di 60 gradi rispetto all'orizzontale. Quanto tempo impiega la palla per colpire il terreno?

Per determinare il tempo impiegato dalla palla per colpire il terreno nel moto parabolico, possiamo scomporre il moto in direzione orizzontale e verticale.

In direzione orizzontale, la velocità è costante e non ci sono forze che agiscono sul corpo. Quindi, il tempo impiegato per il movimento orizzontale è lo stesso del tempo impiegato per il movimento verticale.

In direzione verticale, possiamo considerare l'equazione del moto uniformemente accelerato:

$y = y_0 + v_0y * t + 1/2 * a * t^2$

Dove:

y è la posizione verticale,

y_0 è la posizione iniziale,

v_0y è la componente verticale della velocità iniziale,

t è il tempo,

a è l'accelerazione verticale (accelerazione di gravità, approssimativamente -9.8 m/s^2).

Nel tuo caso, la palla viene lanciata con un angolo di 60 gradi rispetto all'orizzontale. Possiamo decomporre la velocità iniziale (v_0) nelle sue componenti orizzontale (v_0x) e verticale (v_0y):

$v_0x = v_0 * \cos(\theta)$

$v_0y = v_0 * \sin(\theta)$

Dove θ è l'angolo di lancio (60 gradi) e v_0 è la velocità iniziale (20 m/s).

Calcoliamo le componenti della velocità iniziale:

$v_0x = 20$ m/s * $\cos(60°)$

$v_0x = 20$ m/s * 0.5

$v_0x = 10$ m/s

$v_0y = 20$ m/s * $\sin(60°)$

$v_0y = 20$ m/s * $\sqrt{3}/2$

$v_0y = 10\sqrt{3}$ m/s

Ora, concentriamoci sulla componente verticale della posizione:

$y = y_0 + v_0y * t + 1/2 * a * t^2$

Nel momento in cui la palla colpisce il terreno, la sua posizione verticale finale (y) sarà uguale a zero, poiché il terreno è considerato come riferimento.

$y = 0$

Poiché la palla viene lanciata dal terreno ($y_0 = 0$), l'equazione si riduce a:

$0 = v_0y * t + 1/2 * a * t^2$

Sostituendo i valori:

$0 = 10\sqrt{3}$ m/s * $t + 1/2 * (-9.8$ m/s$^2) * t^2$

Risolvendo l'equazione quadratica, otteniamo:

$4.9\sqrt{3}$ m/s^2 * $t^2 - 10\sqrt{3}$ m/s * $t = 0$

La soluzione di questa equazione è t = 0 (corrispondente al momento del lancio) e t = 2 s.

Poiché stiamo cercando il tempo impiegato per colpire il terreno, selezioniamo la soluzione positiva:

$t = 2$ s

Quindi, la palla impiega 2 secondi per colpire il terreno nel moto parabolico.

SOLUZIONE PROBLEMA 50

Forze Centrifuga e Coriolis: Un proiettile viene sparato verso nord con una velocità di 1000 m/s. Quale sarà la deviazione verso est del proiettile a causa della rotazione della Terra?

La deviazione verso est del proiettile a causa della rotazione della Terra è dovuta alla forza di Coriolis, che agisce su corpi in movimento su una Terra in rotazione.

La deviazione dovuta alla forza di Coriolis dipende dalla velocità del proiettile, dalla sua massa e dall'angolo tra la direzione del movimento del proiettile e il polo Nord.

La formula per la deviazione verso est del proiettile (Δx) a causa della forza di Coriolis è:

Δx = (2 * v * m * sin(θ) * ω) / (g * cos(φ))

Dove:

- v è la velocità del proiettile (1000 m/s),
- m è la massa del proiettile,
- θ è l'angolo tra la direzione del movimento del proiettile e il polo Nord,
- ω è la velocità angolare della Terra (approssimativamente 7.29 × 10^(-5) rad/s),
- g è l'accelerazione di gravità (approssimativamente 9.8 m/s^2),
- φ è la latitudine del luogo di sparo.

La deviazione verso est dipende dall'angolo θ. Se il proiettile viene sparato direttamente verso nord (θ = 0), la deviazione sarà massima. Al contrario, se il proiettile viene sparato parallelo all'equatore (θ = 90°), la deviazione sarà nulla.

Tuttavia, poiché non è specificato l'angolo θ nel problema, non possiamo calcolare la deviazione precisa del proiettile. L'angolo θ dipende dalla direzione in cui viene sparato il proiettile rispetto al polo Nord.

Pertanto, senza l'informazione sull'angolo θ, non possiamo determinare la deviazione esatta del proiettile a causa della rotazione della Terra.

SOLUZIONE PROBLEMA 51

Moto Parabolico: Un proiettile viene sparato con una velocità di 800 m/s a 30° rispetto all'orizzontale. Calcola la portata massima e l'altezza massima raggiunta.

Per calcolare la portata massima e l'altezza massima raggiunte dal proiettile nel moto parabolico, possiamo utilizzare le seguenti formule:

La portata massima (R) è la distanza orizzontale percorsa dal proiettile dal punto di lancio al punto in cui colpisce il terreno.

La portata massima può essere calcolata utilizzando la formula:

$R = (v^2 * \sin(2\theta)) / g$

Dove:

- v è la velocità iniziale del proiettile (800 m/s),
- θ è l'angolo di lancio rispetto all'orizzontale (30°),
- g è l'accelerazione di gravità (approssimativamente 9.8 m/s²).

Sostituendo i valori, otteniamo:

$R = (800^2 * \sin(2 * 30°)) / 9.8$

$R = (640{,}000 * \sin(60°)) / 9.8$

$R = (640{,}000 * \sqrt{3}/2) / 9.8$

$R \approx 34{,}938.78$ m

Quindi, la portata massima del proiettile è di circa 34,938.78 metri.

L'altezza massima (H) raggiunta dal proiettile può essere calcolata utilizzando la formula:

$H = (v^2 * \sin^2(\theta)) / (2 * g)$

Sostituendo i valori, otteniamo:

H = (800^2 * sin^2(30°)) / (2 * 9.8)

H = (640,000 * (1/2)^2) / (2 * 9.8)

H = (640,000 * 1/4) / (2 * 9.8)

H = (160,000) / (19.6)

H ≈ 8,163.27 m

Quindi, l'altezza massima raggiunta dal proiettile è di circa 8,163.27 metri.

SOLUZIONE PROBLEMA 52

Lavoro ed Energia: Un blocco di 4 kg viene spinto su una pendenza del 30° con una forza di 50 N. Se il blocco si muove di 5 metri lungo la pendenza, calcola il lavoro svolto dalla forza.

Per calcolare il lavoro svolto dalla forza nel sollevare il blocco lungo la pendenza, possiamo utilizzare la formula:

Lavoro = Forza * Distanza * cos(θ)

Dove:

- Forza è la forza applicata al blocco (50 N),
- Distanza è la distanza lungo la quale viene applicata la forza (5 m),
- θ è l'angolo tra la direzione della forza e la direzione del movimento (30°).

Risolviamo l'equazione:

Lavoro = 50 N * 5 m * cos(30°)

Lavoro = 250 Nm * cos(30°)

Lavoro = 250 Nm * $\sqrt{3}/2$

Lavoro = $125\sqrt{3}$ Nm

Quindi, il lavoro svolto dalla forza nel sollevare il blocco lungo la pendenza è di circa $125\sqrt{3}$ Nm.

SOLUZIONE PROBLEMA 53

Forza Centripeta: Un'automobile di 1500 kg si muove a 20 m/s in una curva di raggio 50 m. Qual è la forza centripeta necessaria per mantenere l'automobile sulla traiettoria curva?

La forza centripeta necessaria per mantenere un'automobile in una curva è determinata dalla relazione:

Forza centripeta = (Massa * Velocità^2) / Raggio

Dove:

- Massa è la massa dell'automobile (1500 kg),
- Velocità è la velocità dell'automobile (20 m/s),
- Raggio è il raggio della curva (50 m).

Sostituendo i valori nella formula, otteniamo:

Forza centripeta = (1500 kg * (20 m/s)^2) / 50 m

Forza centripeta = (1500 kg * 400 m^2/s^2) / 50 m

Forza centripeta = 12000 N

Quindi, la forza centripeta necessaria per mantenere l'automobile sulla traiettoria curva è di 12000 Newton.

SOLUZIONE PROBLEMA 54

Forza di Attrito: Una cassa di 50 kg viene spinta su una rampa con un angolo di inclinazione di 30°. Se il coefficiente di attrito dinamico è 0.3, qual è la forza minima necessaria per spingere la cassa lungo la rampa?

Per calcolare la forza minima necessaria per spingere la cassa lungo la rampa, dobbiamo considerare le forze coinvolte nel sistema.

Iniziamo scomponendo il peso della cassa lungo la rampa. Il peso può essere scomposto in due componenti: una parallela alla rampa e una perpendicolare alla rampa.

La componente parallela al piano inclinato è data da:

F_parallela = Peso * sin(θ)

Dove:

- Peso è la forza peso della cassa (m * g, dove m è la massa e g è l'accelerazione di gravità),
- θ è l'angolo di inclinazione della rampa (30°).

Calcoliamo la componente parallela:

F_parallela = 50 kg * 9.8 m/s^2 * sin(30°)

F_parallela ≈ 245.09 N

La forza di attrito (F_attrito) può essere calcolata utilizzando il coefficiente di attrito dinamico (μ) moltiplicato per la componente perpendicolare alla rampa:

F_attrito = μ * F_perpendicolare

Dove:

- μ è il coefficiente di attrito dinamico (0.3),

- F_perpendicolare è la componente perpendicolare al piano inclinato.

La componente perpendicolare al piano inclinato è data da:

F_perpendicolare = Peso * cos(θ)

Calcoliamo la componente perpendicolare:

F_perpendicolare = 50 kg * 9.8 m/s^2 * cos(30°)

F_perpendicolare ≈ 424.26 N

Ora calcoliamo la forza di attrito:

F_attrito = 0.3 * 424.26 N

F_attrito ≈ 127.28 N

La forza minima necessaria per spingere la cassa lungo la rampa sarà la somma delle forze parallela e attrito:

Forza minima = F_parallela + F_attrito

Forza minima = 245.09 N + 127.28 N

Forza minima ≈ 372.37 N

Quindi, la forza minima necessaria per spingere la cassa lungo la rampa è di circa 372.37 Newton.

SOLUZIONE PROBLEMA 55

Conservazione dell'Energia: Un pendolo semplice di 2 m di lunghezza viene rilasciato da un angolo di 60°. Qual è la velocità del pendolo alla sua posizione più bassa?

Per calcolare la velocità del pendolo alla sua posizione più bassa utilizziamo il principio di conservazione dell'energia meccanica.

Iniziamo considerando l'energia potenziale gravitazionale e l'energia cinetica del pendolo.

Alla posizione più bassa, tutta l'energia potenziale gravitazionale è stata convertita in energia cinetica. Quindi, possiamo scrivere l'equazione:

Energia potenziale gravitazionale iniziale = Energia cinetica finale

L'energia potenziale gravitazionale iniziale è data dalla formula:

Energia potenziale gravitazionale = m * g * h

Dove:

- m è la massa del pendolo (consideriamo una massa puntiforme),
- g è l'accelerazione di gravità (approssimativamente 9.8 m/s^2),
- h è l'altezza iniziale rispetto alla posizione più bassa.

Nel caso del pendolo semplice, l'altezza iniziale (h) è data dalla lunghezza del pendolo (L) moltiplicata per 1 - cos(θ), dove θ è l'angolo di rilascio.

Quindi, l'energia potenziale gravitazionale iniziale è:

Energia potenziale gravitazionale iniziale = m * g * L * (1 - cos(θ))

L'energia cinetica finale è data dalla formula:

Energia cinetica = 1/2 * m * v^2

Dove v è la velocità del pendolo alla sua posizione più bassa.

Applichiamo il principio di conservazione dell'energia:

Energia potenziale gravitazionale iniziale = Energia cinetica finale

m * g * L * (1 - cos(θ)) = 1/2 * m * v²

Semplificando la massa e semplificando l'equazione:

g * L * (1 - cos(θ)) = 1/2 * v²

Sostituendo i valori noti, otteniamo:

9.8 m/s² * 2 m * (1 - cos(60°)) = 1/2 * v²

9.8 m/s² * 2 m * (1 - 1/2) = 1/2 * v²

9.8 m/s² * 2 m * (1/2) = 1/2 * v²

9.8 m/s² * 1 m = 1/2 * v²

v² = 9.8 m/s² * 1 m * 2

v² = 19.6 m²/s²

v = √(19.6 m²/s²)

v ≈ 4.43 m/s

Quindi, la velocità del pendolo alla sua posizione più bassa è di circa 4.43 metri al secondo.

SOLUZIONE PROBLEMA 56

Moto Armonico Semplice: Un oggetto esegue un moto armonico semplice con un'ampiezza di 0.1 m e un periodo di 2 s. Qual è la velocità massima dell'oggetto durante il movimento?

Il moto armonico semplice è caratterizzato da un'oscillazione periodica tra due estremi, con una velocità massima nel punto di equilibrio e accelerazione massima negli estremi.

La velocità massima (Vmax) di un oggetto in moto armonico semplice è data dalla relazione:

Vmax = ampiezza * (2π / periodo)

Dove:

- Amplitude è l'ampiezza del moto (0.1 m),
- Period è il periodo del moto (2 s).

Sostituendo i valori noti nella formula, otteniamo:

Vmax = 0.1 m * (2π / 2 s)

Vmax = 0.1 m * π

Vmax $\approx$ 0.314 m/s

Quindi, la velocità massima dell'oggetto durante il moto armonico semplice è di circa 0.314 metri al secondo.

SOLUZIONE PROBLEMA 57

Moto Circolare: Un oggetto di 2 kg ruota su un percorso circolare di raggio 5 m a una velocità di 10 m/s. Calcola il momento angolare dell'oggetto.

Il momento angolare (L) di un oggetto in moto circolare è dato dal prodotto tra il momento di inerzia (I) e la velocità angolare (ω).

Il momento di inerzia (I) per un oggetto che ruota attorno al suo asse è dato da:

I = m * r^2

Dove m è la massa dell'oggetto e r è il raggio del percorso circolare.

Nel tuo caso, la massa dell'oggetto (m) è di 2 kg e il raggio del percorso circolare (r) è di 5 m.

Calcoliamo il momento di inerzia:

I = 2 kg * (5 m)^2

I = 2 kg * 25 m^2

I = 50 kg * m^2

La velocità angolare (ω) è data dalla relazione tra la velocità lineare (v) e il raggio del percorso circolare (r):

ω = v / r

Nel tuo caso, la velocità lineare (v) è di 10 m/s e il raggio del percorso circolare (r) è di 5 m.

Calcoliamo la velocità angolare:

ω = 10 m/s / 5 m

ω = 2 rad/s

Infine, calcoliamo il momento angolare:

$L = I * \omega$

$L = (50 \text{ kg} * m^2) * (2 \text{ rad/s})$

$L = 100 \text{ kg} * m^2/s$

Quindi, il momento angolare dell'oggetto è di 100 kg * m^2/s.

SOLUZIONE PROBLEMA 58

Onde Stazionarie: Una corda di lunghezza 1.5 m e massa 0.03 kg è fissata alle due estremità. Se la corda è messa in oscillazione in modo che si formi una onda stazionaria con tre ventri, qual è la tensione nella corda?

Per determinare la tensione nella corda, possiamo utilizzare l'equazione delle onde stazionarie che coinvolge la velocità delle onde (v), la frequenza (f) e la lunghezza d'onda (λ):

v = f * λ

La velocità delle onde dipende dalla tensione (T) nella corda e dalla densità lineare della corda (μ), secondo l'equazione:

v = $\sqrt{(T/\mu)}$

Dove:

- T è la tensione nella corda,
- μ è la densità lineare della corda (massa per unità di lunghezza).

Poiché la corda è fissata alle due estremità, si formano tre ventri, il che significa che si verifica un quarto della lunghezza d'onda sulla corda. Quindi, la lunghezza d'onda è λ = 4 * 1.5 m = 6 m.

Dato che la massa della corda è di 0.03 kg e la lunghezza della corda è di 1.5 m, possiamo calcolare la densità lineare della corda (μ):

μ = massa / lunghezza = 0.03 kg / 1.5 m = 0.02 kg/m

Ora possiamo utilizzare l'equazione della velocità delle onde per determinare la tensione (T):

v = $\sqrt{(T/\mu)}$

Sappiamo che la velocità delle onde per questa corda è determinata dalla frequenza fondamentale (f0) e dalla lunghezza d'onda (λ):

$v = f_0 * \lambda$

Possiamo combinare le due equazioni:

$f_0 * \lambda = \sqrt{(T/\mu)}$

Risolvendo per T:

$T = (f_0 * \lambda)^2 * \mu$

La frequenza fondamentale (f_0) per un'onda stazionaria con tre ventri è:

$f_0 = v / \lambda = v / (4 *$ lunghezza della corda$)$

In questo caso, la lunghezza della corda è 1.5 m, quindi:

$f_0 = v / (4 * 1.5 \text{ m}) = v / 6 \text{ m}$

Infine, sostituendo tutti i valori nella formula della tensione (T):

$T = ((v / 6 \text{ m}) * \lambda)^2 * \mu$

Osserviamo che il valore della velocità delle onde (v) non è fornito nel testo del problema. Senza conoscere il valore della velocità delle onde specifica, non possiamo calcolare esattamente la tensione nella corda.

SOLUZIONE PROBLEMA 59

Equazione di Bernoulli: Un fluido incompressibile fluisce in un tubo orizzontale che ha una sezione di 0.01 m² a una velocità di 5 m/s. Se l'area della sezione del tubo si restringe a 0.005 m², qual è la differenza di pressione tra le due sezioni?

Possiamo utilizzare l'equazione di Bernoulli per calcolare la differenza di pressione tra le due sezioni del tubo.

L'equazione di Bernoulli afferma:

$P1 + 1/2 * \rho * v1^2 + \rho * g * h1 = P2 + 1/2 * \rho * v2^2 + \rho * g * h2$

Dove:

- P1 e P2 sono le pressioni nelle due sezioni del tubo,
- ρ è la densità del fluido,
- v1 e v2 sono le velocità del fluido nelle due sezioni,
- g è l'accelerazione di gravità,
- h1 e h2 sono le altezze relative delle due sezioni.

Nel nostro caso, il fluido è incompressibile, quindi la densità (ρ) del fluido è costante.

Inoltre, le due sezioni del tubo sono all'orizzontale, quindi l'altezza relativa (h1 e h2) tra le due sezioni è uguale a zero.

L'equazione di Bernoulli si semplifica a:

$P1 + 1/2 * \rho * v1^2 = P2 + 1/2 * \rho * v2^2$

Per calcolare la differenza di pressione (ΔP) tra le due sezioni, dobbiamo sottrarre la pressione P2 da entrambi i lati dell'equazione:

$P1 - P2 = 1/2 * \rho * (v2^2 - v1^2)$

Dato che ρ è costante e h1 = h2 = 0, otteniamo:

ΔP = 1/2 * ρ * (v2^2 - v1^2)

Ora possiamo calcolare la differenza di pressione sostituendo i valori noti nel problema:

ΔP = 1/2 * ρ * (v2^2 - v1^2)

ΔP = 1/2 * ρ * ((5 m/s)^2 - (5 m/s)^2)

ΔP = 0

Quindi, la differenza di pressione tra le due sezioni del tubo è zero.

SOLUZIONE PROBLEMA 60

Legge di Coulomb: Due sfere metalliche, una con carica di +2 C e l'altra con carica di -3 C, sono separate da una distanza di 2 m. Qual è la forza tra le due sfere?

La legge di Coulomb descrive la forza elettrica tra due cariche puntiformi.

L'espressione per calcolare la forza (F) tra due cariche è data dalla formula:

$F = (k * |q_1 * q_2|) / r^2$

Dove:

- F è la forza elettrica,
- k è la costante elettrica di Coulomb (approssimativamente 9×10^9 N m²/C²),
- q_1 e q_2 sono le cariche delle due sfere (rispettivamente +2 C e -3 C),
- r è la distanza tra le due sfere (2 m).

Sostituendo i valori noti nella formula, otteniamo:

$F = (9 \times 10^9$ N m²/C² $* |2$ C $* (-3$ C$)|) / (2$ m$)^2$

$F = (9 \times 10^9$ N m²/C² $* 6$ C²$) / 4$ m²

$F = (9 \times 10^9$ N m² $* 6) / 4$

$F = (54 \times 10^9$ N m²$) / 4$

$F = 13.5 \times 10^9$ N

Quindi, la forza tra le due sfere è di 13.5×10^9 Newton.

SOLUZIONE PROBLEMA 61

Attrito Statico e Dinamico: Un blocco di 10 kg è posto su un piano inclinato di 30°. Il coefficiente di attrito statico è 0.4 e quello dinamico è 0.3. Qual è l'angolo di inclinazione massimo in modo che il blocco non inizi a scivolare?

Per determinare l'angolo di inclinazione massimo in modo che il blocco non inizi a scivolare, dobbiamo confrontare le forze coinvolte.

L'attrito statico può essere calcolato moltiplicando il coefficiente di attrito statico (μs) per la forza normale (N), dove N è la componente del peso perpendicolare al piano inclinato:

Attrito statico (Fs) = μs * N

La forza normale (N) può essere calcolata moltiplicando la massa del blocco (m) per l'accelerazione di gravità (g) e la componente del peso perpendicolare al piano inclinato (N = m * g * cos(θ)), dove θ è l'angolo di inclinazione del piano inclinato.

Quindi, l'attrito statico è:

Fs = μs * m * g * cos(θ)

Per evitare lo scivolamento del blocco, l'attrito statico dovrebbe essere maggiore o uguale alla componente del peso parallela al piano inclinato (che cerca di far scivolare il blocco verso il basso):

Fs ≥ m * g * sin(θ)

Sostituendo l'espressione per l'attrito statico:

μs * m * g * cos(θ) ≥ m * g * sin(θ)

Semplifichiamo la massa e l'accelerazione di gravità:

μs * g * cos(θ) ≥ g * sin(θ)

Dividiamo entrambi i lati per g e semplifichiamo:

μs * cos(θ) ≥ sin(θ)

Ora, risolviamo l'inequazione per trovare l'angolo di inclinazione massimo (θ) in modo che lo scivolamento non inizi:

cos(θ) ≥ μs / sin(θ)

Dividiamo per cos(θ):

1 ≥ (μs / sin(θ)) * (1 / cos(θ))

Usando l'identità trigonometrica: tan(θ) = sin(θ) / cos(θ), otteniamo:

1 ≥ μs * tan(θ)

Risolviamo per θ:

tan(θ) ≤ 1 / μs

θ ≤ atan(1 / μs)

Dove atan è la funzione arcotangente.

Nel tuo caso, con un coefficiente di attrito statico (μs) di 0.4:

θ ≤ atan(1 / 0.4)

θ ≤ atan(2.5)

Utilizzando una calcolatrice, otteniamo:

θ ≤ 68.2°

Quindi, l'angolo di inclinazione massimo è di circa 68.2 gradi affinché il blocco non inizi a scivolare.

SOLUZIONE PROBLEMA 62

Energia Potenziale Elastica: Una molla con costante elastica di 200 N/m è compressa di 0.1 m. Quanta energia potenziale elastica è immagazzinata nella molla?

L'energia potenziale elastica (U) immagazzinata in una molla può essere calcolata utilizzando la seguente formula:

$U = (1/2) * k * x^2$

Dove:

- U è l'energia potenziale elastica,
- k è la costante elastica della molla,
- x è la deformazione o compressione della molla.

Nel tuo caso, la costante elastica della molla (k) è di 200 N/m e la molla è compressa di 0.1 m. Sostituendo i valori noti nella formula, otteniamo:

$U = (1/2) * 200 \text{ N/m} * (0.1 \text{ m})^2$

$U = (1/2) * 200 \text{ N/m} * 0.01 \text{ m}^2$

$U = 0.5 * 200 \text{ N} * 0.01 \text{ m}$

$U = 10 \text{ J}$

Quindi, l'energia potenziale elastica immagazzinata nella molla è di 10 Joule.

SOLUZIONE PROBLEMA 63

Dinamica Rotazionale: Una ruota di massa 10 kg e raggio 0.3 m ruota attorno al suo asse con una velocità angolare di 20 rad/s. Qual è il suo momento di inerzia e la sua energia cinetica rotazionale?

Il momento di inerzia (I) di una ruota può essere calcolato utilizzando la formula:

I = 0.5 * m * r^2

Dove:

- I è il momento di inerzia,
- m è la massa della ruota,
- r è il raggio della ruota.

Nel tuo caso, la massa della ruota (m) è di 10 kg e il raggio (r) è di 0.3 m. Sostituendo i valori noti nella formula, otteniamo:

I = 0.5 * 10 kg * (0.3 m)^2

I = 0.5 * 10 kg * 0.09 m^2

I = 0.5 * 10 kg * 0.0081 m^2

I = 0.0405 kg * m^2

Quindi, il momento di inerzia della ruota è di 0.0405 kg * m^2.

L'energia cinetica rotazionale (K) di una ruota può essere calcolata utilizzando la formula:

K = 0.5 * I * ω^2

Dove:

- K è l'energia cinetica rotazionale,
- I è il momento di inerzia della ruota,

- ω è la velocità angolare della ruota.

Nel tuo caso, il momento di inerzia (I) è di 0.0405 kg * m^2 e la velocità angolare (ω) è di 20 rad/s. Sostituendo i valori noti nella formula, otteniamo:

K = 0.5 * 0.0405 kg * m^2 * (20 rad/s)^2

K = 0.5 * 0.0405 kg * m^2 * 400 rad^2/s^2

K = 0.5 * 0.0405 kg * m^2 * 400

K = 0.5 * 0.0405 kg * m^2 * 400

K = 0.5 * 0.0405 kg * m^2 * 400

K = 8.1 J

Quindi, l'energia cinetica rotazionale della ruota è di 8.1 Joule.

SOLUZIONE PROBLEMA 64

Lancio di un Satellite: Un satellite viene lanciato in un'orbita circolare attorno alla Terra. Se l'altitudine del satellite è di 2000 km sopra la superficie terrestre, qual è la velocità minima necessaria per il satellite?

Per determinare la velocità minima necessaria per un satellite in orbita circolare attorno alla Terra, possiamo utilizzare la legge di gravitazione universale e l'equazione per la velocità orbitale.

La forza gravitazionale tra il satellite e la Terra fornisce la forza centripeta necessaria per mantenere il satellite in orbita. L'equazione per la forza centripeta è:

$F = (m * v^2) / r$

Dove:

- F è la forza centripeta,
- m è la massa del satellite,
- v è la velocità del satellite,
- r è la distanza del satellite dal centro della Terra (raggio terrestre + altitudine del satellite).

La forza gravitazionale è data dalla legge di gravitazione universale:

$F = (G * m * M) / r^2$

Dove:

- G è la costante gravitazionale (approssimativamente 6.674×10^{-11} N m^2/kg^2),
- M è la massa della Terra.

Uguagliando le due equazioni per la forza centripeta e la forza gravitazionale, otteniamo:

$(m \cdot v^2) / r = (G \cdot m \cdot M) / r^2$

Semplifichiamo la massa del satellite (m) e il raggio (r):

$v^2 = (G \cdot M) / r$

Prendendo la radice quadrata di entrambi i lati, otteniamo:

$v = \sqrt{(G \cdot M) / r}$

Nel tuo caso, l'altitudine del satellite è di 2000 km sopra la superficie terrestre. Per calcolare la velocità minima necessaria, dobbiamo considerare la distanza dal centro della Terra, che è il raggio terrestre (approssimativamente 6371 km) più l'altitudine del satellite:

r = raggio terrestre + altitudine del satellite

r = 6371 km + 2000 km

$r = 8371 \text{ km} = 8{,}371 \times 10^6 \text{ m}$

Sostituendo i valori noti nella formula, otteniamo:

$v = \sqrt{(G \cdot M) / r}$

$v = \sqrt{(6.674 \times 10^{-11} \text{ N m}^2/\text{kg}^2 \cdot 5.97 \times 10^{24} \text{ kg}) / (8.371 \times 10^6 \text{ m})}$

$v \approx 7662 \text{ m/s}$

Quindi, la velocità minima necessaria per il satellite è di circa 7662 metri al secondo.

SOLUZIONE PROBLEMA 65

Forza Centrifuga e Coriolis: Un aereo vola verso est a una velocità di 800 km/h. Qual è la deviazione verso sud dell'aereo dovuta alla forza di Coriolis?

La forza di Coriolis agisce su un oggetto in movimento su una superficie rotante come la Terra. La deviazione dovuta alla forza di Coriolis dipende dalla velocità dell'oggetto, dalla sua latitudine e dalla direzione del movimento.

La formula per calcolare la deviazione dovuta alla forza di Coriolis è:

Fcor = 2 * m * v * ω * sin(θ)

Dove:

- Fcor è la forza di Coriolis,
- m è la massa dell'oggetto,
- v è la velocità dell'oggetto,
- ω è la velocità angolare della Terra,
- θ è l'angolo tra la velocità dell'oggetto e la direzione verso cui l'oggetto si sta muovendo.

Nel tuo caso, l'aereo vola verso est a una velocità di 800 km/h. Convertendo la velocità in metri al secondo, otteniamo:

v = 800 km/h * (1000 m/1 km) * (1 h/3600 s) ≈ 222.22 m/s

La velocità angolare della Terra (ω) può essere calcolata come la velocità circolare della Terra divisa per il raggio medio della Terra. La velocità circolare della Terra è di circa 1674.4 km/h o 464.33 m/s, e il raggio medio della Terra è di circa 6371 km o 6.371×10^6 m. Quindi:

ω = 464.33 m/s / (6.371×10^6 m) ≈ 7.292×10^{-5} rad/s

L'angolo θ tra la velocità dell'aereo verso est e la direzione verso cui si muove è di 90 gradi.

Sostituendo i valori noti nella formula della forza di Coriolis, otteniamo:

Fcor = 2 * m * v * ω * sin(θ)

Fcor = 2 * m * (222.22 m/s) * (7.292 × 10^-5 rad/s) * sin(90°)

Fcor = 2 * m * (222.22 m/s) * (7.292 × 10^-5 rad/s) * 1

Fcor = 3.24 × 10^-3 * m * kg * m/s²

Quindi, la deviazione verso sud dell'aereo dovuta alla forza di Coriolis è di 3.24 × 10^-3 * m * kg * m/s².

SOLUZIONE PROBLEMA 66

Principio di Archimede: Un blocco di rame di densità 8.96 g/cm³ e volume di 100 cm³ viene immerso in acqua. Quanto galleggerà sopra la superficie dell'acqua?

Per determinare quanto il blocco di rame galleggerà sopra la superficie dell'acqua, possiamo utilizzare il principio di Archimede.

Il principio di Archimede afferma che un oggetto immerso in un fluido riceve una spinta verso l'alto uguale al peso del fluido spostato.

Per calcolare la spinta di Archimede (Farch), possiamo utilizzare la seguente formula:

Farch = ρ_fluido * V_immerso * g

Dove:

- ρ_fluido è la densità del fluido (in questo caso, l'acqua) = 1 g/cm³ = 1000 kg/m³,
- V_immerso è il volume dell'oggetto immerso nel fluido,
- g è l'accelerazione di gravità = 9.8 m/s².

Nel tuo caso, il blocco di rame ha una densità di 8.96 g/cm³ e un volume di 100 cm³. Dato che il blocco è completamente immerso nell'acqua, il volume immerso (V_immerso) sarà uguale al suo volume totale.

Convertiamo la densità del rame in kg/m³:

ρ_rame = 8.96 g/cm³ = 8.96 × 1000 kg/m³ = 8960 kg/m³

Ora calcoliamo la spinta di Archimede:

Farch = ρ_fluido * V_immerso * g

Farch = (1000 kg/m³) * (100 cm³) * (9.8 m/s²)

Convertiamo il volume in metri cubi:

V_immerso = 100 cm³ = 100 × (1/1000000) m³ = 0.0001 m³

Sostituendo i valori noti nella formula:

Farch = (1000 kg/m³) * (0.0001 m³) * (9.8 m/s²)

Farch = 0.098 N

Quindi, il blocco di rame galleggerà con una spinta di Archimede di 0.098 N verso l'alto sopra la superficie dell'acqua.

SOLUZIONE PROBLEMA 67

Velocità Terminale: Un paracadutista di massa 70 kg cade da un aereo ad alta quota. Se la resistenza dell'aria può essere modellata come F = kv, dove k = 0.65 kg/m, trova la velocità terminale del paracadutista.

Per determinare la velocità terminale del paracadutista, dobbiamo considerare l'equilibrio tra la forza gravitazionale che agisce verso il basso e la resistenza dell'aria che agisce verso l'alto.

La forza gravitazionale che agisce sul paracadutista è data da:

Fg = m * g

Dove:

- Fg è la forza gravitazionale,
- m è la massa del paracadutista,
- g è l'accelerazione di gravità (approssimativamente 9.8 m/s^2).

La resistenza dell'aria che agisce sul paracadutista è modellata come:

Far = kv

Dove:

- Far è la forza di resistenza dell'aria,
- k è il coefficiente di resistenza dell'aria (0.65 kg/m),
- v è la velocità del paracadutista.

Nell'equilibrio, la forza gravitazionale è uguale alla forza di resistenza dell'aria:

m * g = kv

Risolviamo l'equazione per v:

v = (m * g) / k

Sostituendo i valori noti:

v = (70 kg * 9.8 m/s²) / 0.65 kg/m

v ≈ 107.69 m/s

Quindi, la velocità terminale del paracadutista è di circa 107.69 metri al secondo.

SOLUZIONE PROBLEMA 68

Equilibrio Statico: Un trave di 10 m e di 50 kg è sostenuta orizzontalmente da due sostegni, uno all'estremità sinistra e l'altro a 3 m dall'estremità destra. Dove dovrebbe essere collocato un oggetto di 20 kg per mantenere l'equilibrio della trave?

Per mantenere l'equilibrio statico della trave, la somma dei momenti torcenti rispetto ad un punto di riferimento deve essere zero.

In questo caso, possiamo scegliere uno dei sostegni come punto di riferimento e calcolare il momento torcente prodotto dal peso della trave e dall'oggetto aggiuntivo.

Il momento torcente (τ) è il prodotto del peso (F) per la distanza (d) dal punto di riferimento.

Per la trave:

τ_trave = P_trave * d_trave

Dove:

- P_trave è il peso della trave,
- d_trave è la distanza del centro di massa della trave dal punto di riferimento (sostegno sinistro).

Per l'oggetto aggiuntivo:

τ_oggetto = P_oggetto * d_oggetto

Dove:

- P_oggetto è il peso dell'oggetto aggiuntivo,
- d_oggetto è la distanza del centro di massa dell'oggetto aggiuntivo dal punto di riferimento (sostegno sinistro).

Per mantenere l'equilibrio, la somma dei momenti torcenti deve essere zero:

τ_trave + τ_oggetto = 0

P_trave * d_trave + P_oggetto * d_oggetto = 0

Sostituendo i valori noti:

50 kg * g * (10 m) + 20 kg * g * d_oggetto = 0

d_oggetto = - (50 kg * g * 10 m) / (20 kg * g)

Semplificando:

d_oggetto = -5 m

Il valore negativo indica che l'oggetto dovrebbe essere collocato a 5 metri a sinistra del sostegno sinistro per mantenere l'equilibrio della trave.

Quindi, l'oggetto di 20 kg dovrebbe essere collocato a 5 metri a sinistra del sostegno sinistro per mantenere l'equilibrio della trave di 10 metri di lunghezza e 50 kg di massa.

SOLUZIONE PROBLEMA 69

Energia Potenziale Gravitazionale: Un satellite di 200 kg si trova a 1000 km sopra la superficie terrestre. Quanta energia potenziale gravitazionale ha guadagnato il satellite rispetto alla superficie della Terra?

L'energia potenziale gravitazionale di un oggetto è data dalla formula:

$E = m * g * h$

Dove:

- E è l'energia potenziale gravitazionale,
- m è la massa dell'oggetto,
- g è l'accelerazione di gravità,
- h è l'altezza rispetto alla superficie di riferimento.

Nel tuo caso, il satellite ha una massa di 200 kg e si trova a 1000 km sopra la superficie terrestre. Dobbiamo convertire l'altezza in metri:

h = 1000 km * 1000 m/km = 1,000,000 m

L'accelerazione di gravità sulla superficie terrestre è di circa 9.8 m/s². Sostituendo i valori noti nella formula, otteniamo:

$E = 200 \text{ kg} * 9.8 \text{ m/s}^2 * 1{,}000{,}000 \text{ m}$

E = 1,960,000,000 J

Quindi, il satellite ha guadagnato un'energia potenziale gravitazionale di 1,960,000,000 Joule rispetto alla superficie terrestre.

SOLUZIONE PROBLEMA 70

Moto Parabolico: Un proiettile viene lanciato con una velocità iniziale di 500 m/s ad un angolo di 30° rispetto all'orizzontale. Trova la distanza orizzontale massima che il proiettile percorre.

Per determinare la distanza orizzontale massima percorsa dal proiettile nel moto parabolico, possiamo utilizzare la formula della gittata:

$R = (v_0^2 * \sin(2\theta)) / g$

Dove:

- R è la distanza orizzontale massima,
- v_0 è la velocità iniziale del proiettile,
- θ è l'angolo di lancio rispetto all'orizzontale,
- g è l'accelerazione di gravità (approssimativamente 9.8 m/s²).

Nel tuo caso, il proiettile viene lanciato con una velocità iniziale di 500 m/s e un angolo di 30° rispetto all'orizzontale. Sostituendo i valori noti nella formula, otteniamo:

$R = (500 \text{ m/s})^2 * \sin(2 * 30°) / 9.8 \text{ m/s}^2$

$R = 250000 \text{ m}^2/\text{s}^2 * \sin(60°) / 9.8 \text{ m/s}^2$

$R = 250000 \text{ m}^2/\text{s}^2 * (\sqrt{3}/2) / 9.8 \text{ m/s}^2$

$R = (250000 * \sqrt{3}) / 19.6 \text{ m}$

$R \approx 4503.38 \text{ m}$

Quindi, la distanza orizzontale massima che il proiettile percorre è di circa 4503.38 metri.

SOLUZIONE PROBLEMA 71

Legge di Hooke: Una molla con costante elastica di 20 N/m viene allungata di 5 cm. Quanta forza è necessaria per mantenere la molla in questa posizione?

La legge di Hooke stabilisce che la forza esercitata da una molla è proporzionale all'allungamento o compressione della stessa. L'equazione che descrive questa relazione è:

$F = k * \Delta x$

Dove:

- F è la forza esercitata dalla molla,
- k è la costante elastica della molla,
- Δx è la variazione di lunghezza o posizione della molla rispetto alla sua posizione di equilibrio.

Nel tuo caso, la molla ha una costante elastica k = 20 N/m e viene allungata di 5 cm = 0.05 m rispetto alla sua posizione di equilibrio. Sostituendo i valori noti nell'equazione, otteniamo:

$F = 20 \text{ N/m} * 0.05 \text{ m}$

$F = 1 \text{ N}$

Quindi, è necessaria una forza di 1 Newton per mantenere la molla allungata di 5 cm rispetto alla sua posizione di equilibrio.

SOLUZIONE PROBLEMA 72

Impulso e Quantità di Moto: Un giocatore di baseball colpisce una palla con una mazza. Se la mazza esercita una forza media di 5000 N sulla palla per 0.005 secondi, quale è il cambiamento della velocità della palla?

L'impulso di una forza è definito come il prodotto tra la forza e il tempo di applicazione della forza. L'impulso può essere utilizzato per calcolare il cambiamento della quantità di moto di un oggetto.

L'equazione dell'impulso è:

$I = F * \Delta t$

Dove:

- I è l'impulso,
- F è la forza applicata,
- Δt è il tempo di applicazione della forza.

Nel tuo caso, la forza media applicata dalla mazza sulla palla è di 5000 N e il tempo di applicazione è di 0.005 secondi. Possiamo calcolare l'impulso:

$I = 5000 \text{ N} * 0.005 \text{ s}$

$I = 25 \text{ N·s}$

L'impulso è uguale al cambiamento della quantità di moto della palla. Pertanto, il cambiamento della velocità della palla può essere calcolato dividendo l'impulso per la massa della palla.

Supponendo che tu abbia la massa della palla, possiamo usare l'equazione della quantità di moto:

$\Delta p = m * \Delta v$

Dove:

- Δp è il cambiamento della quantità di moto,

- m è la massa della palla,
- Δv è il cambiamento della velocità della palla.

Se fornisci la massa della palla, possiamo calcolare il cambiamento della velocità utilizzando l'impulso e l'equazione della quantità di moto.

SOLUZIONE PROBLEMA 73

Oscillatore Armonico Semplice: Un corpo di massa 1 kg è attaccato a una molla di costante k = 100 N/m e posto a oscillare in assenza di attrito. Se l'ampiezza iniziale è di 0.1 m, quale sarà la velocità massima del corpo?

Nell'oscillatore armonico semplice, la velocità massima del corpo è determinata dall'ampiezza del moto.

La relazione tra l'ampiezza (A) e la velocità massima (v_max) è data da:

$v\_max = \omega * A$

Dove:

- ω è la pulsazione dell'oscillatore, definita come $\omega = \sqrt{(k/m)}$,
- k è la costante elastica della molla,
- m è la massa del corpo.

Nel tuo caso, la costante elastica della molla è k = 100 N/m e la massa del corpo è m = 1 kg. Quindi, la pulsazione dell'oscillatore può essere calcolata come:

$\omega = \sqrt{(k/m)} = \sqrt{(100 \text{ N/m} / 1 \text{ kg})} = \sqrt{100} = 10 \text{ rad/s}$

L'ampiezza del moto è A = 0.1 m. Sostituendo i valori noti nella formula della velocità massima, otteniamo:

$v\_max = \omega * A = 10 \text{ rad/s} * 0.1 \text{ m} = 1 \text{ m/s}$

Quindi, la velocità massima del corpo nell'oscillatore armonico semplice è di 1 m/s.

SOLUZIONE PROBLEMA 74

Principio di Bernoulli: Un tubo orizzontale ha un diametro di 0.05 m a una estremità e 0.02 m all'altra. Se l'acqua fluisce nel tubo ad una velocità di 2 m/s nella sezione più larga, quale sarà la velocità nella sezione più stretta?

Il principio di Bernoulli afferma che, lungo un fluido in moto, la somma della pressione statica, della pressione dinamica e dell'energia potenziale per unità di volume è costante.

Nel caso di un fluido incomprimibile come l'acqua che fluisce in un tubo orizzontale, possiamo applicare il principio di Bernoulli per trovare la relazione tra le velocità del fluido in due diverse sezioni del tubo.

L'equazione di Bernoulli può essere espressa come:

$P_1 + (1/2) * \rho * v_1^2 + \rho * g * h_1 = P_2 + (1/2) * \rho * v_2^2 + \rho * g * h_2$

Dove:

- P_1 e P_2 sono le pressioni nelle due sezioni del tubo,
- ρ è la densità del fluido (acqua),
- v_1 e v_2 sono le velocità del fluido nelle due sezioni,
- g è l'accelerazione di gravità,
- h_1 e h_2 sono le altezze del fluido nelle due sezioni (considerate come zero in questo caso orizzontale).

Poiché le due sezioni del tubo sono sullo stesso piano orizzontale, le altezze (h_1 e h_2) sono le stesse e possono essere considerate come zero nella formula.

L'equazione di Bernoulli diventa quindi:

$P_1 + (1/2) * \rho * v_1^2 = P_2 + (1/2) * \rho * v_2^2$

Dal momento che il fluido è lo stesso (acqua), la densità (ρ) è costante e possiamo semplificare l'equazione come:

$P_1 + (1/2) * v_1^2 = P_2 + (1/2) * v_2^2$

Dal problema, sappiamo che la velocità del fluido nella sezione più larga è $v_1 = 2$ m/s.

Sostituendo questo valore nell'equazione, otteniamo:

$P_1 + (1/2) * (2 \text{ m/s})^2 = P_2 + (1/2) * v_2^2$

Semplificando:

$P_1 + 2 \text{ m}^2/\text{s}^2 = P_2 + (1/2) * v_2^2$

Poiché non sono fornite informazioni sulle pressioni, non possiamo calcolare le pressioni assolute nelle due sezioni. Tuttavia, possiamo determinare il rapporto tra le velocità usando l'equazione:

$(1/2) * (2 \text{ m/s})^2 = (1/2) * v_2^2$

$2 \text{ m}^2/\text{s}^2 = (1/2) * v_2^2$

$v_2^2 = 4 \text{ m}^2/\text{s}^2$

Prendendo la radice quadrata di entrambi i lati, otteniamo:

$v_2 = 2$ m/s

Quindi, la velocità del fluido nella sezione più stretta del tubo sarà anche di 2 m/s.

SOLUZIONE PROBLEMA 75

Forza di Coriolis: Un proiettile viene sparato verso l'alto con una velocità di 1000 m/s. A causa della rotazione terrestre, quale sarà la deviazione del proiettile a est quando raggiungerà il punto più alto della traiettoria?

La forza di Coriolis agisce su un oggetto in movimento a causa della rotazione della Terra. Questa forza causa una deviazione nella traiettoria dell'oggetto rispetto alla direzione iniziale del moto.

La deviazione dovuta alla forza di Coriolis dipende dalla velocità dell'oggetto, dalla sua latitudine e dal tempo di volo. Nella tua domanda, non hai specificato la latitudine o il tempo di volo del proiettile.

Tuttavia, posso fornirti una descrizione generale della deviazione dovuta alla forza di Coriolis. Quando un oggetto viene sparato verticalmente verso l'alto, la deviazione a est o ovest dovuta alla forza di Coriolis dipenderà dalla latitudine in cui viene sparato.

Ad esempio, se il proiettile viene sparato vicino all'equatore (latitudine 0°), la deviazione sarà minima o quasi nulla. Al contrario, se il proiettile viene sparato vicino ai poli (latitudine 90°), la deviazione sarà massima.

Quindi, senza informazioni specifiche sulla latitudine o sul tempo di volo del proiettile, non è possibile calcolare con precisione la deviazione dovuta alla forza di Coriolis.

SOLUZIONE PROBLEMA 76

Risonanza: Una molla di costante k = 200 N/m è collegata a una massa di 2 kg e posta in oscillazione. Se viene applicata una forza periodica con frequenza di 5 Hz, a quale frequenza si verificherà la risonanza?

La frequenza di risonanza di un sistema massa-molla è determinata dalla relazione tra la costante elastica della molla (k) e la massa (m) dell'oggetto collegato ad essa.

La formula per la frequenza di risonanza (f_r) di un sistema massa-molla è:

f_r = 1 / (2π) * $\sqrt{(k/m)}$

Nel tuo caso, la costante elastica della molla è k = 200 N/m e la massa collegata alla molla è m = 2 kg. Possiamo calcolare la frequenza di risonanza come segue:

f_r = 1 / (2π) * $\sqrt{(200\ N/m / 2\ kg)}$

f_r = 1 / (2π) * $\sqrt{(100\ N/kg)}$

f_r = 1 / (2π) * 10 Hz

f_r ≈ 1.59 Hz

Quindi, la frequenza di risonanza del sistema massa-molla, con una molla di costante k = 200 N/m e una massa di 2 kg, è di circa 1.59 Hz.

SOLUZIONE PROBLEMA 77

Conservazione dell'energia meccanica: Una massa di 5 kg viene rilasciata da una altezza di 10 m sopra il terreno. Se l'attrito può essere trascurato, quale sarà la velocità della massa appena prima di colpire il terreno?

Possiamo utilizzare il principio di conservazione dell'energia meccanica per determinare la velocità della massa appena prima di colpire il terreno. Quando l'attrito viene trascurato, l'energia meccanica totale dell'oggetto si conserva lungo il suo moto.

L'energia meccanica totale si compone di due componenti: l'energia potenziale gravitazionale (E_p) e l'energia cinetica (E_k).

All'altezza iniziale di 10 m sopra il terreno, l'energia potenziale gravitazionale è massima e l'energia cinetica è nulla. Al momento dell'impatto con il terreno, l'energia potenziale gravitazionale sarà nulla e tutta l'energia si sarà trasformata in energia cinetica.

Possiamo scrivere l'equazione dell'energia meccanica come:

$E_m = E_p + E_k$

All'inizio, quando l'oggetto è rilasciato, l'energia meccanica è data solo dall'energia potenziale gravitazionale:

$E_{m\_iniziale} = E_{p\_iniziale} = m * g * h$

Dove:

- m è la massa dell'oggetto (5 kg),
- g è l'accelerazione di gravità (9.8 m/s^2),
- h è l'altezza iniziale (10 m).

All'arrivo, quando l'oggetto sta per colpire il terreno, tutta l'energia si è trasformata in energia cinetica:

$E\_m\_finale = E\_k\_finale = (1/2) * m * v^2$

Dove:

- v è la velocità finale dell'oggetto (che stiamo cercando di calcolare).

Dal principio di conservazione dell'energia meccanica, sappiamo che l'energia meccanica iniziale è uguale all'energia meccanica finale:

$E\_m\_iniziale = E\_m\_finale$

Quindi, possiamo scrivere:

$m * g * h = (1/2) * m * v^2$

Semplificando la massa m, otteniamo:

$g * h = (1/2) * v^2$

Ora possiamo risolvere l'equazione per la velocità finale v:

$v^2 = 2 * g * h$

$v = \sqrt{(2 * g * h)}$

Sostituendo i valori noti, otteniamo:

$v = \sqrt{(2 * 9.8 \text{ m/s}^2 * 10 \text{ m})}$

$v \approx 14 \text{ m/s}$

Quindi, la velocità della massa appena prima di colpire il terreno, trascurando l'attrito, è di circa 14 m/s.

SOLUZIONE PROBLEMA 78

Pressione in un fluido: Qual è la pressione a una profondità di 200 m in un oceano? Assumi che la densità dell'acqua di mare sia di 1025 kg/m³ e che l'accelerazione dovuta alla gravità sia di 9.8 m/s².

La pressione in un fluido aumenta con la profondità a causa della forza esercitata dal peso del fluido sovrastante.

Possiamo utilizzare la formula della pressione idrostatica per calcolare la pressione a una determinata profondità:

$P = \rho * g * h$

Dove:

- P è la pressione,
- ρ è la densità del fluido,
- g è l'accelerazione di gravità,
- h è la profondità.

Nel tuo caso, la densità dell'acqua di mare è ρ = 1025 kg/m³ e la profondità è h = 200 m. L'accelerazione di gravità g è 9.8 m/s².

Sostituendo i valori noti nella formula, otteniamo:

P = 1025 kg/m³ * 9.8 m/s² * 200 m

P ≈ 2,009,000 Pa

Quindi, la pressione a una profondità di 200 m in un oceano, assumendo una densità dell'acqua di mare di 1025 kg/m³ e un'accelerazione di gravità di 9.8 m/s², è di circa 2,009,000 Pascal (Pa).

SOLUZIONE PROBLEMA 79

Lavoro ed energia: Un motore fornisce un lavoro di 5000 J per sollevare un carico di 200 kg. Di quanto viene sollevato il carico?

Il lavoro è definito come il prodotto della forza applicata per una certa distanza. Possiamo utilizzare l'equazione del lavoro per calcolare l'altezza a cui viene sollevato il carico.

Lavoro (L) = Forza (F) * Distanza (d)

Nel tuo caso, il lavoro fornito dal motore è di 5000 J e il carico ha una massa di 200 kg.

Il lavoro (L) fornito dal motore può essere espresso anche come lavoro gravitazionale:

$L = m * g * h$

Dove:

- m è la massa del carico (200 kg),
- g è l'accelerazione di gravità (9.8 m/s^2),
- h è l'altezza a cui viene sollevato il carico (che stiamo cercando di calcolare).

Sappiamo che il lavoro fornito dal motore è di 5000 J, quindi possiamo scrivere l'equazione come:

5000 J = 200 kg * 9.8 m/s^2 * h

Semplificando, otteniamo:

5000 J = 1960 kg·m^2/s^2 * h

Dividendo entrambi i lati per 1960 kg·m^2/s^2, otteniamo:

h = 5000 J / (1960 kg·m^2/s^2)

h ≈ 2.55 m

Quindi, il carico viene sollevato a un'altezza di circa 2.55 metri.

SOLUZIONE PROBLEMA 80

Velocità di fuga: Qual è la velocità di fuga dalla superficie della Terra? Assumi che il raggio della Terra sia di 6.37 x 10^6 m e che la sua massa sia di 5.97 x 10^24 kg.

La velocità di fuga dalla superficie della Terra può essere calcolata utilizzando l'equazione:

$v = \sqrt{(2 * G * M / r)}$

Dove:

- v è la velocità di fuga,
- G è la costante di gravitazione universale (6.67430 x 10^-11 m³/(kg·s²)),
- M è la massa della Terra (5.97 x 10^24 kg),
- r è il raggio della Terra (6.37 x 10^6 m).

Sostituendo i valori noti nell'equazione, otteniamo:

$v = \sqrt{(2 * 6.67430 \times 10^{-11} \text{ m}^3/(\text{kg·s}^2) * 5.97 \times 10^{24} \text{ kg} / (6.37 \times 10^6 \text{ m}))}$

Effettuando i calcoli:

$v \approx \sqrt{(2 * 6.67430 \times 10^{-11} \text{ m}^3/(\text{kg·s}^2) * (5.97 \times 10^{24} \text{ kg}) / (6.37 \times 10^6 \text{ m}))}$

$v \approx \sqrt{(2 * 9.8318 \text{ m}^2/\text{s}^2)}$

$v \approx \sqrt{(19.6636 \text{ m}^2/\text{s}^2)}$

$v \approx 4.43 \times 10^3 \text{ m/s}$

Quindi, la velocità di fuga dalla superficie della Terra è approssimativamente di 4.43 x 10^3 m/s.

SOLUZIONE PROBLEMA 81

Leve Meccaniche: Stai cercando di rimuovere una ruota da un'automobile con una chiave da 0.5 m di lunghezza. Se la forza richiesta per allentare i bulloni è di 300 N, quanto peso devi applicare all'estremità della chiave per farlo?

Per risolvere questo problema, possiamo utilizzare il principio delle leve, che stabilisce che la forza necessaria per sollevare o spostare un oggetto è inversamente proporzionale alla lunghezza del braccio della leva.

La relazione tra le forze e le lunghezze dei bracci di una leva può essere espressa come:

Forza_1 * Lunghezza_1 = Forza_2 * Lunghezza_2

Nel tuo caso, la forza richiesta per allentare i bulloni è di 300 N e la lunghezza della chiave è di 0.5 m. Stiamo cercando di determinare il peso (Forza_2) che deve essere applicato all'estremità della chiave.

Possiamo scrivere l'equazione come:

300 N * 0.5 m = Forza_2 * Lunghezza_2

Risolvendo per Forza_2, otteniamo:

Forza_2 = (300 N * 0.5 m) / Lunghezza_2

Per determinare il peso (Forza_2) che devi applicare, dobbiamo conoscere la lunghezza del braccio della leva (Lunghezza_2). Se non è specificata, non possiamo calcolare il valore esatto del peso.

Quindi, senza la lunghezza del braccio della leva, non possiamo determinare il peso che devi applicare all'estremità della chiave per allentare i bulloni.

SOLUZIONE PROBLEMA 82

Ponte Sospeso: Un ponte sospeso ha una lunghezza di 500 m e una massa di 1000 tonnellate. Se il ponte è sostenuto da due cavi di acciaio con un'area trasversale di 0.01 m², quale sarà la tensione in ciascuno dei cavi?

Per determinare la tensione in ciascuno dei cavi del ponte sospeso, possiamo utilizzare la formula della tensione:

Tensione (T) = Forza (F) / Area trasversale (A)

La forza che agisce su ciascun cavo del ponte sospeso è data dal peso del ponte. Il peso è calcolato come il prodotto della massa del ponte e l'accelerazione di gravità.

Peso (F) = massa (m) * accelerazione di gravità (g)

Nel tuo caso, la massa del ponte è di 1000 tonnellate, che può essere convertita in kg:

massa (m) = 1000 tonnellate * 1000 kg/tonnellata = 1,000,000 kg

L'accelerazione di gravità g è di 9.8 m/s².

Calcoliamo quindi la forza:

F = 1,000,000 kg * 9.8 m/s² = 9,800,000 N

Ora possiamo calcolare la tensione in ciascuno dei cavi del ponte utilizzando l'area trasversale specificata di 0.01 m²:

Tensione (T) = 9,800,000 N / 0.01 m² = 980,000,000 N/m²

Quindi, la tensione in ciascuno dei cavi del ponte sospeso sarà di 980,000,000 N/m², o 980 MPa.

SOLUZIONE PROBLEMA 83

Scivolamento su una Collina: Un bambino di 30 kg scivola lungo una collina inclinata di 30°. Se il coefficiente di attrito cinetico tra il cappotto del bambino e l'erba è 0.1, quale sarà la sua velocità dopo aver percorso 20 metri lungo la collina?

Per determinare la velocità del bambino dopo aver percorso 20 metri lungo la collina, possiamo utilizzare le leggi del moto rettilineo uniformemente accelerato.

Prima di applicare le leggi del moto, dobbiamo calcolare l'accelerazione del bambino lungo la collina. L'accelerazione è influenzata dalla forza di gravità e dalla forza di attrito cinetico.

La componente della forza di gravità parallela alla pendenza della collina è m * g * sin(θ), dove m è la massa del bambino, g è l'accelerazione di gravità (9.8 m/s^2) e θ è l'angolo di inclinazione della collina.

La forza di attrito cinetico è determinata dalla formula F_k = μ * N, dove μ è il coefficiente di attrito cinetico e N è la forza normale, che è uguale a m * g * cos(θ).

Quindi, l'accelerazione del bambino sarà:

a = (m * g * sin(θ) - μ * m * g * cos(θ)) / m

Semplificando, otteniamo:

a = g * (sin(θ) - μ * cos(θ))

Sostituendo i valori noti, otteniamo:

a = 9.8 m/s^2 * (sin(30°) - 0.1 * cos(30°))

a ≈ 9.8 m/s^2 * (0.5 - 0.1 * 0.866)

a ≈ 9.8 m/s^2 * (0.5 - 0.0866)

a ≈ 9.8 m/s^2 * 0.4134

a ≈ 4.055 m/s²

Ora possiamo utilizzare la formula del moto rettilineo uniformemente accelerato per calcolare la velocità finale del bambino dopo aver percorso 20 metri:

v² = u² + 2 * a * s

Dove v è la velocità finale, u è la velocità iniziale (assumiamo che sia zero), a è l'accelerazione e s è la distanza percorsa.

Sostituendo i valori noti, otteniamo:

v² = 0 + 2 * 4.055 m/s² * 20 m

v² = 2 * 4.055 m/s² * 20 m

v² = 161.8 m²/s²

v ≈ √(161.8 m²/s²)

v ≈ 12.7 m/s

Quindi, la velocità del bambino dopo aver percorso 20 metri lungo la collina sarà di circa 12.7 m/s.

SOLUZIONE PROBLEMA 84

Conservazione della Quantità di Moto: Un pattinatore di figura di 50 kg sta ruotando con le braccia tese a una velocità di 3 giri al secondo. Se tira le braccia vicino al corpo riducendo il suo momento di inerzia del 50%, a quale nuova velocità ruoterà?

Per risolvere questo problema, possiamo utilizzare il principio di conservazione della quantità di moto. La quantità di moto di un oggetto in rotazione è data dal prodotto del momento di inerzia e della velocità angolare.

Inizialmente, il momento di inerzia del pattinatore con le braccia tese è I_1 e la velocità angolare è ω_1. Dopo aver tirato le braccia vicino al corpo, il momento di inerzia diventa I_2 e la nuova velocità angolare è ω_2.

La conservazione della quantità di moto può essere espressa come:

$I_1 * \omega_1 = I_2 * \omega_2$

Sappiamo che il momento di inerzia è inversamente proporzionale alla velocità angolare. Se il momento di inerzia è ridotto del 50%, allora diventa la metà del suo valore originale.

Quindi, $I_2 = 0.5 * I_1$

Sostituendo questa relazione nell'equazione della conservazione della quantità di moto, otteniamo:

$I_1 * \omega_1 = (0.5 * I_1) * \omega_2$

Semplificando, otteniamo:

$\omega_2 = \omega_1 / 0.5$

$\omega_2 = 2 * \omega_1$

Quindi, la nuova velocità angolare del pattinatore dopo aver tirato le braccia vicino al corpo sarà il doppio della sua velocità angolare iniziale.

Se il pattinatore ruotava inizialmente a una velocità di 3 giri al secondo (cioè 3 * 2π rad/s), allora la nuova velocità angolare sarà:

ω_2 = 2 * (3 * 2π) rad/s

ω_2 ≈ 6 * π rad/s

Quindi, il pattinatore ruoterà a una velocità approssimativa di 6π rad/s dopo aver tirato le braccia vicino al corpo.

SOLUZIONE PROBLEMA 85

Il Balzo del Gatto: Un gatto di 5 kg salta da un'altezza di 3 m. Assumendo che l'energia cinetica sia completamente convertita in energia elastica, quanto si comprimeranno le sue zampe se la loro costante elastica equivalente è di 5000 N/m?

Per risolvere il problema, possiamo utilizzare il principio di conservazione dell'energia meccanica. Quando il gatto salta e atterra, l'energia cinetica si converte in energia potenziale elastica immagazzinata nelle zampe.

L'energia potenziale elastica può essere calcolata utilizzando la formula:

E_elastica = (1/2) * k * x^2

Dove k è la costante elastica equivalente e x è la deformazione delle zampe.

Inizialmente, il gatto ha energia potenziale gravitazionale, che è data da:

E_gravitazionale = m * g * h

Dove m è la massa del gatto, g è l'accelerazione di gravità e h è l'altezza da cui salta.

Poiché l'energia cinetica viene completamente convertita in energia potenziale elastica, possiamo impostare l'equazione:

E_gravitazionale = E_elastica

m * g * h = (1/2) * k * x^2

Sostituendo i valori noti:

5 kg * 9.8 m/s^2 * 3 m = (1/2) * 5000 N/m * x^2

147 J = 2500 N/m * x^2

Dividendo entrambi i lati per 2500 N/m:

0.0588 m^2 = x^2

Prendendo la radice quadrata di entrambi i lati:

x ≈ 0.242 m

Quindi, le zampe del gatto si comprimeranno di circa 0.242 metri quando atterra, se l'energia cinetica viene completamente convertita in energia elastica.

SOLUZIONE PROBLEMA 86

Effetto Doppler: Un'ambulanza si sta avvicinando a te a 30 m/s emettendo un suono a 700 Hz. Qual è la frequenza del suono che senti? Assumi la velocità del suono nell'aria come 343 m/s.

Per determinare la frequenza del suono che senti, possiamo utilizzare l'equazione dell'effetto Doppler per onde sonore in avvicinamento:

$f' = (v + v_0) / (v + vs) * f_0$

Dove:

f' è la frequenza del suono che senti,

v è la velocità del suono nell'aria,

v_0 è la velocità dell'ambulanza (in questo caso, il segno negativo indica un'avvicinamento),

vs è la velocità dell'osservatore (in questo caso, la tua velocità),

f_0 è la frequenza del suono emesso.

Sostituendo i valori noti:

f' = (343 m/s + (-30 m/s)) / (343 m/s + 0 m/s) * 700 Hz

f' = 313 / 343 * 700 Hz

f' ≈ 641 Hz

Quindi, la frequenza del suono che senti sarà di circa 641 Hz.

SOLUZIONE PROBLEMA 87

Aerodinamica: Un'automobile di massa 1500 kg viaggia a 90 km/h. Se il coefficiente di resistenza dell'aria è 0.3, quale potenza deve fornire il motore dell'automobile per mantenere questa velocità?

Per calcolare la potenza richiesta dal motore dell'automobile per mantenere una certa velocità, possiamo utilizzare l'equazione della potenza:

Potenza = Forza * Velocità

La forza di resistenza dell'aria può essere calcolata utilizzando la formula:

Forza = (1/2) * ρ * A * Cd * v²

Dove:

ρ è la densità dell'aria,

A è l'area frontale dell'automobile,

Cd è il coefficiente di resistenza dell'aria,

v è la velocità dell'automobile.

Per calcolare la potenza, dobbiamo anche convertire la velocità da km/h a m/s:

90 km/h * (1000 m/1 km) * (1 h/3600 s) ≈ 25 m/s

Ora possiamo calcolare la potenza:

Potenza = Forza * Velocità

Potenza = ((1/2) * ρ * A * Cd * v²) * v

Sostituendo i valori noti:

Potenza = ((1/2) * 1.225 kg/m³ * A * 0.3 * (25 m/s)²) * 25 m/s

Assumendo un'area frontale dell'automobile di 2 m²:

Potenza = ((1/2) * 1.225 kg/m³ * 2 m² * 0.3 * (25 m/s)²) * 25 m/s

Potenza ≈ 11456.25 W

Quindi, il motore dell'automobile deve fornire circa 11456.25 watt di potenza per mantenere una velocità di 90 km/h.

SOLUZIONE PROBLEMA 88

Attrito in Bicicletta: Stai pedalando in bicicletta su una strada piana a una velocità costante di 20 km/h. Se la resistenza dell'aria e l'attrito delle ruote assommano a una forza di 30 N, quale potenza stai esercitando sui pedali?

Per calcolare la potenza esercitata sui pedali, possiamo utilizzare l'equazione della potenza:

Potenza = Forza * Velocità

La forza totale che devi superare per mantenere una velocità costante sulla bicicletta è data dalla somma della resistenza dell'aria e dell'attrito delle ruote:

Forza_totale = Forza_resistenza_aria + Forza_attrito_ruote

Quindi, possiamo scrivere l'equazione della potenza come:

Potenza = (Forza_resistenza_aria + Forza_attrito_ruote) * Velocità

Sostituendo i valori noti:

Potenza = (30 N) * (20 km/h * (1000 m/1 km) * (1 h/3600 s))

Convertendo la velocità da km/h a m/s:

Potenza = (30 N) * (20 m/s)

Potenza = 600 W

Quindi, stai esercitando una potenza di 600 watt sui pedali per mantenere una velocità costante di 20 km/h sulla bicicletta, considerando la resistenza dell'aria e l'attrito delle ruote.

SOLUZIONE PROBLEMA 89

Elevatore: Un ascensore di 1000 kg sta salendo a una velocità costante di 2 m/s. Quanta potenza sta consumando il motore dell'ascensore?

Per calcolare la potenza consumata dal motore dell'ascensore, possiamo utilizzare l'equazione della potenza:

Potenza = Forza * Velocità

Nel caso dell'ascensore, la forza che deve essere superata è il peso dell'ascensore, che è dato dal prodotto della massa dell'ascensore e dell'accelerazione di gravità:

Forza = massa * accelerazione di gravità

In questo caso, la velocità dell'ascensore è costante, quindi non c'è lavoro netto svolto e la potenza è pari alla potenza necessaria per superare il peso dell'ascensore. Quindi, la potenza consumata dal motore dell'ascensore è data da:

Potenza = Forza * Velocità

Potenza = (massa * accelerazione di gravità) * velocità

Sostituendo i valori noti:

Potenza = (1000 kg * 9.8 m/s^2) * 2 m/s

Potenza = 19600 W

Quindi, il motore dell'ascensore sta consumando una potenza di 19600 watt per mantenere una velocità costante di 2 m/s durante la salita.

SOLUZIONE PROBLEMA 90

Luna Park: Una giostra ruota a una velocità angolare di 0.5 rad/s. Se la tua massa è di 70 kg e sei seduto a 5 m dal centro, quale forza eserciti sul sedile?

Per calcolare la forza esercitata sul sedile, possiamo utilizzare il principio della forza centrifuga. La forza centrifuga agisce verso l'esterno rispetto all'asse di rotazione e può essere calcolata utilizzando la formula:

Forza_centrifuga = massa * velocità_angolare^2 * raggio

Dove:

massa è la massa dell'oggetto (nel nostro caso, la tua massa),

velocità_angolare è la velocità angolare della giostra,

raggio è la distanza dall'asse di rotazione (nel nostro caso, la tua distanza dal centro della giostra).

Sostituendo i valori noti:

Forza_centrifuga = 70 kg * (0.5 rad/s)^2 * 5 m

Forza_centrifuga = 70 kg * 0.25 rad^2/s^2 * 5 m

Forza_centrifuga = 87.5 N

Quindi, eserciti una forza di 87.5 N sul sedile della giostra.

SOLUZIONE PROBLEMA 91

Tensione in un Cavo: Un grattacielo alto 300 m è sostenuto da cavi di acciaio ancorati al terreno a una distanza di 100 m dalla base. Qual è la tensione nei cavi?

Per calcolare la tensione nei cavi che sostengono il grattacielo, possiamo considerare l'equilibrio delle forze verticali agendo sul grattacielo.

La somma delle forze verticali deve essere uguale a zero, quindi la tensione nei cavi deve compensare il peso del grattacielo.

Il peso del grattacielo può essere calcolato moltiplicando la massa per l'accelerazione di gravità:

Peso = massa * accelerazione di gravità

Considerando la densità del cemento armato di solito utilizzato per la costruzione di grattacieli come 2500 kg/m^3, possiamo calcolare la massa del grattacielo come:

Massa = densità * volume

Il volume può essere calcolato moltiplicando l'altezza per l'area della base:

Volume = altezza * area_base

L'area della base può essere calcolata come:

Area_base = lato_base^2

Dato che non abbiamo informazioni specifiche sulla forma del grattacielo, assumiamo che la base sia un quadrato.

Sostituendo i valori noti:

Area_base = (100 m)^2 = 10000 m^2

Volume = (300 m) * (10000 m^2) = 3000000 m^3

Massa = (2500 kg/m^3) * (3000000 m^3) = 7500000000 kg

Peso = (7500000000 kg) * (9.8 m/s^2) = 73500000000 N

Poiché ci sono due cavi che sostengono il grattacielo, la tensione in ciascun cavo sarà metà del peso totale:

Tensione = Peso / 2 = 73500000000 N / 2 = 36750000000 N

Quindi, la tensione nei cavi che sostengono il grattacielo sarà di 36750000000 N.

SOLUZIONE PROBLEMA 92

Rallentamento di un'Automobile: Un'automobile di massa 1500 kg viaggia a 100 km/h. Se il coefficiente di attrito cinetico tra le gomme e la strada è 0.8, quale distanza percorrerà l'automobile prima di fermarsi completamente?

Per calcolare la distanza percorsa dall'automobile prima di fermarsi completamente, possiamo utilizzare l'equazione del moto uniformemente accelerato:

$V^2 = V_0^2 + 2a\Delta x$

Dove:

V è la velocità finale (che è zero in questo caso, poiché l'automobile si ferma),

V_0 è la velocità iniziale (convertita da km/h a m/s),

a è l'accelerazione (negativa, poiché l'automobile rallenta),

Δx è la distanza percorsa.

Prima di procedere, convertiamo la velocità iniziale da km/h a m/s:

V_0 = 100 km/h * (1000 m/1 km) * (1 h/3600 s) = 27.78 m/s

Ora possiamo calcolare l'accelerazione utilizzando il coefficiente di attrito cinetico:

a = μ * g

Dove μ è il coefficiente di attrito cinetico e g è l'accelerazione di gravità (9.8 m/s^2):

a = 0.8 * 9.8 m/s^2 = 7.84 m/s^2

Sostituendo i valori noti nell'equazione del moto uniformemente accelerato:

$0 = (27.78 \text{ m/s})^2 + 2 * (-7.84 \text{ m/s}^2) * \Delta x$

Risolvendo l'equazione per Δx:

$\Delta x = (27.78 \text{ m/s})^2 / (2 * 7.84 \text{ m/s}^2) = 49.42 \text{ m}$

Quindi, l'automobile percorrerà una distanza di 49.42 metri prima di fermarsi completamente.

SOLUZIONE PROBLEMA 93

Ponte di Corda: Un ponte di corda lungo 10 m e di massa 50 kg viene usato per attraversare un burrone. Se una persona di 70 kg cammina lungo il ponte, quale sarà la tensione massima nella corda?

Per calcolare la tensione massima nella corda del ponte, dobbiamo considerare il punto in cui la tensione è massima, che si verifica quando la persona si trova nel punto più lontano da uno dei sostegni del ponte. In questa situazione, la forza totale agente sulla corda sarà la somma dei pesi della persona e del ponte.

Peso della persona = massa della persona * accelerazione di gravità

Peso del ponte = massa del ponte * accelerazione di gravità

Peso totale = Peso della persona + Peso del ponte

Considerando che la tensione nella corda è uguale al peso totale, possiamo calcolare la tensione massima nella corda:

Tensione massima = Peso totale

Sostituendo i valori noti:

Peso della persona = 70 kg * 9.8 m/s^2 = 686 N

Peso del ponte = 50 kg * 9.8 m/s^2 = 490 N

Peso totale = 686 N + 490 N = 1176 N

Quindi, la tensione massima nella corda sarà di 1176 N.

SOLUZIONE PROBLEMA 94

Ciclista in Salita: Un ciclista di 70 kg sta pedalando in salita lungo una pendenza del 5%. Se la velocità del ciclista è costante a 10 km/h, quale potenza sta esercitando il ciclista?

Per calcolare la potenza esercitata dal ciclista, possiamo utilizzare l'equazione della potenza:

Potenza = Forza * Velocità

La forza esercitata dal ciclista può essere calcolata considerando la componente verticale del suo peso, che è opposta alla pendenza. La forza può essere calcolata come:

Forza = massa * accelerazione

Dove l'accelerazione è data dalla pendenza moltiplicata dall'accelerazione di gravità.

massa = 70 kg

accelerazione di gravità = 9.8 m/s^2

pendenza = 5% = 0.05

Forza = massa * (pendenza * accelerazione di gravità) = 70 kg * (0.05 * 9.8 m/s^2) = 34.3 N

Convertiamo la velocità da km/h a m/s:

Velocità = 10 km/h * (1000 m/1 km) * (1 h/3600 s) = 2.78 m/s

Sostituendo i valori noti nella formula della potenza:

Potenza = 34.3 N * 2.78 m/s = 95.35 W

Quindi, il ciclista sta esercitando una potenza di circa 95.35 watt durante la pedalata in salita.

SOLUZIONE PROBLEMA 95

Frenata di Emergenza: Un'automobile di 2000 kg che viaggia a 90 km/h deve effettuare una frenata di emergenza. Se l'attrito statico massimo tra le gomme e la strada è 0.8, quale sarà la distanza minima di frenata?

Per calcolare la distanza minima di frenata, dobbiamo considerare la forza di attrito massima tra le gomme e la strada. Questa forza di attrito massima può essere calcolata come il prodotto del coefficiente di attrito statico massimo e il peso dell'automobile.

Peso dell'automobile = massa dell'automobile * accelerazione di gravità

Forza di attrito massima = coefficiente di attrito statico massimo * peso dell'automobile

massa dell'automobile = 2000 kg

accelerazione di gravità = 9.8 m/s²

coefficiente di attrito statico massimo = 0.8

Peso dell'automobile = 2000 kg * 9.8 m/s² = 19600 N

Forza di attrito massima = 0.8 * 19600 N = 15680 N

Per determinare la distanza minima di frenata, possiamo utilizzare l'equazione del moto uniformemente accelerato:

$V^2 = V_0^2 + 2a\Delta x$

Dove:

V è la velocità finale (che è zero, poiché l'automobile si ferma),

V_0 è la velocità iniziale (convertita da km/h a m/s),

a è l'accelerazione (negativa, poiché l'automobile decelera),

Δx è la distanza di frenata.

Prima di procedere, convertiamo la velocità iniziale da km/h a m/s:

V_0 = 90 km/h * (1000 m/1 km) * (1 h/3600 s) = 25 m/s

Sostituendo i valori noti nell'equazione del moto uniformemente accelerato:

0 = (25 m/s)² + 2 * (-a) * Δx

Risolvendo l'equazione per Δx:

Δx = - (25 m/s)² / (2 * (-a))

Δx = (25 m/s)² / (2 * (15680 N / 2000 kg))

Δx = 31.25 m² / (2 * 7.84 m/s²) = 1.99 m

Quindi, la distanza minima di frenata sarà di circa 1.99 metri.

SOLUZIONE PROBLEMA 96

Lancio del Giavellotto: Un giavellotto viene lanciato con una velocità iniziale di 30 m/s a un angolo di 45°. Qual è la distanza massima di lancio?

Per calcolare la distanza massima di lancio del giavellotto, dobbiamo considerare il moto parabolico del lancio. La distanza massima di lancio si verifica quando il giavellotto raggiunge l'altezza massima della sua traiettoria.

La distanza massima di lancio può essere calcolata utilizzando la seguente formula:

Distanza massima = (Velocità iniziale)^2 * sen(2*angolo di lancio) / accelerazione di gravità

Velocità iniziale = 30 m/s

Angolo di lancio = 45°

Accelerazione di gravità = 9.8 m/s²

Sostituendo i valori noti nella formula:

Distanza massima = (30 m/s)^2 * sen(2*45°) / 9.8 m/s²

Distanza massima = 900 m²/s² * sen(90°) / 9.8 m/s²

Distanza massima = 900 m²/s² * 1 / 9.8 m/s²

Distanza massima = 91.84 m

Quindi, la distanza massima di lancio del giavellotto sarà di circa 91.84 metri.

SOLUZIONE PROBLEMA 97

Camion in Discesa: Un camion di massa 10.000 kg scende lungo una pendenza del 10% a una velocità costante di 50 km/h. Quanta potenza deve fornire il sistema di frenatura del camion per mantenere questa velocità?

Per calcolare la potenza richiesta dal sistema di frenatura del camion, possiamo utilizzare l'equazione della potenza:

Potenza = Forza * Velocità

La forza richiesta per frenare il camion può essere calcolata considerando la componente lungo la pendenza del peso del camion, che è opposta alla direzione di discesa. La forza può essere calcolata come:

Forza = massa * accelerazione

Dove l'accelerazione è data dalla pendenza moltiplicata dall'accelerazione di gravità.

Massa del camion = 10.000 kg

Accelerazione di gravità = 9.8 m/s^2

Pendenza = 10% = 0.1

Forza = massa * (pendenza * accelerazione di gravità) = 10.000 kg * (0.1 * 9.8 m/s^2) = 9800 N

Convertiamo la velocità da km/h a m/s:

Velocità = 50 km/h * (1000 m/1 km) * (1 h/3600 s) = 13.89 m/s

Sostituendo i valori noti nella formula della potenza:

Potenza = 9800 N * 13.89 m/s = 136,132 W

Quindi, il sistema di frenatura del camion deve fornire una potenza di circa 136.132 watt per mantenere una velocità costante di 50 km/h in discesa.

SOLUZIONE PROBLEMA 98

Vento Laterale: Un aereo vola a una velocità di 800 km/h. Se c'è un vento laterale di 100 km/h, quale sarà la velocità e la direzione risultanti dell'aereo?

Per determinare la velocità e la direzione risultanti dell'aereo quando c'è un vento laterale, possiamo utilizzare il concetto di somma vettoriale delle velocità.

Velocità dell'aereo = 800 km/h

Velocità del vento laterale = 100 km/h

Possiamo rappresentare la velocità dell'aereo come un vettore che punta nella direzione del suo moto, e la velocità del vento laterale come un vettore perpendicolare alla direzione del moto dell'aereo.

Utilizzando il teorema di Pitagora, possiamo calcolare la velocità risultante dell'aereo come la radice quadrata della somma dei quadrati delle due velocità:

Velocità risultante = $\sqrt{(\text{Velocità dell'aereo}^2 + \text{Velocità del vento laterale}^2)}$

Velocità risultante = $\sqrt{(800 \text{ km/h})^2 + (100 \text{ km/h})^2}$

Velocità risultante = $\sqrt{(640000 \text{ km}^2/\text{h}^2 + 10000 \text{ km}^2/\text{h}^2)}$

Velocità risultante = $\sqrt{(650000 \text{ km}^2/\text{h}^2)}$

Velocità risultante ≈ 806.22 km/h

Quindi, la velocità risultante dell'aereo sarà di circa 806.22 km/h.

Per determinare la direzione risultante dell'aereo, possiamo utilizzare la trigonometria. L'angolo tra la direzione del moto dell'aereo e la direzione del vento laterale può essere calcolato come l'arcotangente della velocità del vento laterale diviso per la velocità dell'aereo:

Angolo risultante = arcotangente(Velocità del vento laterale / Velocità dell'aereo)

Angolo risultante = arcotangente(100 km/h / 800 km/h)

Angolo risultante ≈ 7.12°

Quindi, la direzione risultante dell'aereo sarà deviata di circa 7.12° rispetto alla sua direzione originale a causa del vento laterale.

SOLUZIONE PROBLEMA 99

Cilindro che Ruota: Un cilindro di massa 10 kg e raggio 0.1 m viene rilasciato da una collina alta 5 m. Quale sarà la sua velocità alla base della collina?

Per calcolare la velocità del cilindro alla base della collina, possiamo utilizzare la conservazione dell'energia meccanica.

L'energia potenziale gravitazionale del cilindro alla cima della collina si converte completamente in energia cinetica alla base della collina. L'energia potenziale gravitazionale può essere calcolata come:

Energia potenziale gravitazionale = massa * gravità * altezza

Massa del cilindro = 10 kg

Gravità = 9.8 m/s^2

Altezza della collina = 5 m

Energia potenziale gravitazionale = 10 kg * 9.8 m/s^2 * 5 m = 490 J

L'energia cinetica del cilindro alla base della collina sarà uguale all'energia potenziale gravitazionale:

Energia cinetica = Energia potenziale gravitazionale

1/2 * massa * velocità^2 = 490 J

Sostituendo i valori noti:

1/2 * 10 kg * velocità^2 = 490 J

velocità^2 = (2 * 490 J) / 10 kg = 98 m^2/s^2

velocità = $\sqrt{(98 \text{ m}^2/\text{s}^2)} \approx$ 9.9 m/s

Quindi, la velocità del cilindro alla base della collina sarà di circa 9.9 m/s.

SOLUZIONE PROBLEMA 100

Lunghezza dell'Arco: Un pendolo di lunghezza 2 m oscilla con un angolo massimo di 10°. Quanto spazio percorre la punta del pendolo durante un'oscillazione?

La lunghezza dell'arco percorso dalla punta del pendolo durante un'oscillazione può essere calcolata utilizzando l'angolo massimo dell'oscillazione e la lunghezza del pendolo.

L'angolo massimo dell'oscillazione viene misurato rispetto alla posizione verticale del pendolo, quindi possiamo considerare metà dell'angolo massimo per calcolare l'angolo dell'arco percorso. Quindi, l'angolo dell'arco sarà di 5°.

La lunghezza dell'arco può essere calcolata utilizzando la formula:

Lunghezza dell'arco = lunghezza del pendolo * angolo dell'arco in radianti

La lunghezza del pendolo è di 2 m e l'angolo dell'arco è di 5°, che convertito in radianti è:

$5° * (\pi / 180°) \approx 0.08727$ rad

Quindi, la lunghezza dell'arco percorso dalla punta del pendolo durante un'oscillazione sarà:

Lunghezza dell'arco = 2 m * 0.08727 rad ≈ 0.17454 m

La punta del pendolo percorrerà circa 0.17454 metri durante un'oscillazione.

Printed by Amazon Italia Logistica S.r.l.
Torrazza Piemonte (TO), Italy